森林景观恢复潜力评估方法指南
（ROAM）

—— 试行版 ——

[爱尔兰]斯图尔特·马金尼斯　等著
中国—全球环境基金国有林场GEF项目执行办公室　译

U0247601

中国林業出版社
IPHCF PHIL China Forestry Publishing House

图书在版编目（CIP）数据

森林景观恢复潜力评估方法指南 / （爱尔兰）斯图尔特·马金尼斯等著；中国—全球环境基金国有林场 GEF 项目执行办公室译 . -- 北京：中国林业出版社，2021.6
书名原文：A guide to the Restoration Opportunities Assessment Methodology(ROAM)
ISBN 978-7-5219-1335-4

Ⅰ . ①森… Ⅱ . ①斯… ②刘… Ⅲ . ①森林景观 – 景观规划 – 指南 Ⅳ . ① S718.5-62

中国版本图书馆 CIP 数据核字 (2021) 第 169947 号

原著版权：© [2014] IUCN，International Union for Conservation of Nature and Natural Resources
翻译版权：© [2021-09] 由国有林场 GEF 项目出版

著作权合同登记号：01-2021-2795
建议引用格式：IUCN and WRI (2014). A guide to the Restoration Opportunities Assessment
Methodology (ROAM): Assessing forest landscape restoration opportunities at the national or
sub-national level. Working Paper (Road-test edition). Gland，Switzerland: IUCN. 125pp.
本书由中国—全球环境基金国有林场 GEF 项目执行办公室翻译为中文。IUCN 对译文中可能出现的
错误、疏漏或与原著的偏离不承担任何责任。如有不符之处，请以原著为准。原著标题：A guide
to the Restoration Opportunities Assessment Methodology (ROAM): Assessing forest landscape
restoration opportunities at the national or sub-national level. (2014). Published by: IUCN.
https://portals.iucn. org/liabrary/node/44852
图片、地图、图像和排版：Zoï 环境网络，日内瓦，瑞士
本出版物的英文电子版本可从以下地址获取：世界自然保护联盟（IUCN）gpflr@iucn.org
www.iucn.org/publications。

编译委员会

主 任	程 红
副主任	邹连顺 张 琰 张松丹 郑欣民
委 员	张 志 宋知远 金文佳 孙艺芸 张 诚 焉 骏 刘 静 宋增明 郭爱军 牛加翼 李书磊
译 校	张松丹 黎 佳 黄志霖 田耀武 刘 静 宋增明 牛加翼 李书磊 张 诚 陈志强 向 婕 臧 捷
原版作者	Stewart Maginnis, Lars Laestadius, Michael Verdone, Sean DeWitt, Carole Saint-Laurent, Jennifer Rietbergen-McCracken, Daniel M. P. Shaw

责任编辑	于界芬 徐梦欣
出版发行	中国林业出版社（100009 北京西城区德内大街刘海胡同 7 号）
网 址	http://www.forestry.gov.cn/lycb.html
电 话	（010）83143542
印 刷	北京博海升彩色印刷有限公司
版 次	2021 年 9 月第 1 版
印 次	2021 年 9 月第 1 次
开 本	787mm×1092mm 1/16
印 张	7.75
字 数	200 千字
定 价	98.00 元

关于本手册

本手册《森林景观恢复潜力评估方法指南》，或简称ROAM指南，旨在为如何评估森林景观恢复潜力(Forest Landscape Restoration Opportunities)这一过程提供具体方法。使用者主要面向以下三个目标群体：

- 森林景观恢复潜力评估的委托方，例如：高级政府官员，需要了解评估过程所牵涉的内容以及可预期的产出；

- 森林景观恢复潜力评估的执行方，例如：评估团队的核心成员，需要了解评估的具体操作；

- 开展评估的其他贡献方，例如：国家或省级层面的专家和利益相关者，需要了解评估涉及的相关内容。

本手册为试行版，希望通过广泛传播以鼓励更多人了解并共同完善此方法。其试运行期间获得的反馈和意见，将整合于修订版并将于未来公布(更多有关试用ROAM指南的信息，参见第7页)。

本手册包括ROAM评估方法中各个独立模块的介绍，并指导使用者如何按次序整合利用各模块以应对不同的具体需求。随着这些子模块的不断完善，它们正逐步改进为自成一体的工具。ROAM评估法的六大模块(工具)及其所对应的页码如下。更细化的工具指南于2014年至2015年开发，作为筹划中的"ROAM技术指南系列"中的一部分。欲获取更多信息，请联系我们：gpflr@iucn.org。

ROAM工具

▼ 利益相关方对景观恢复干预措施的优先级划分(见58至63页)

 景观恢复潜力图的制作(见68至83页)

+/- 景观恢复干预措施的经济建模和价值评估(见83至90页)

CO_2 景观恢复干预措施的碳成本效益建模(见90至94页)

 景观恢复干预措施中关键成功因素的诊断(见94至98页)

$ 景观恢复干预措施的融资分析(见98至105页)

鸣　谢

森林景观恢复潜力评估方法（或简称：ROAM评估法）是在集思广益、共同学习的过程中撰写出来的，其成果受益于加纳、墨西哥和卢旺达多个组织机构及利益相关方。在此，我们向所有的参与者，致力于支持我们工作的捐赠者，表示衷心的感谢。为本指南做出重要贡献的机构包括：美国马里兰大学、加纳遥感和地理信息服务中心、加纳林业委员会资源管理服务中心、加纳土地和自然资源部、墨西哥国家林业委员会、墨西哥国家生物多样性知识和利用委员会、墨西哥国家自然保护区委员会、墨西哥林农生产者联合会、卢旺达自然资源管理局和卢旺达自然资源部。此外，危地马拉开展的同类型评估也对本指南中评估方法有所贡献，相关机构包括危地马拉国家森林研究所、农业畜牧和食品部、环境和自然资源部以及国家自然保护区管理委员会。

本手册的编撰受益于以下同事及伙伴的建议：

Musah Abu-Juam, James Acworth, Adewale Adeleke, Craig Beatty, Kathleen Buckingham, Chris Buss, Miguel Calmon, David Cooper, Peter Dewees, Tania Ellersick, Craig Hanson, Chetan Kumar, Foster Mensah, Adrie Mukashema, Guillermo Navarro, German Obando, Orsibal Ramirez, Aaron Reuben, Katie Reytar, Estuardo Roca, Arturo Santos, Otto Simonett, Gretchen Walters and Patrick Wylie.同时，来自土地全球资本（Terra Global Capital）机构的Leslie L. Durschinger, Nora Nelson, Luz Abusaid 和 Cheri Sugal依据他们即将公布的报告，提供了大量关于融资方面内容的分析。来自卓爱环境网络（Zoï Environment Network）的Matthias Beilstein, Carolyne Daniel 和 Maria Libert 为本手册的设计和排版提供了一流的服务。

特别感谢卢旺达自然资源部长Stanislas Kamanzi阁下，以及德国联邦环境、自然保护、建筑和核安全部的Horst Freiberg博士的指导和帮助。

最后，我们还要感谢隶属于德国联邦环境、自然保护、建筑和核安全部（BMUB）的国际气候倡议项目（IKI）和森林方案（PROFOR）为世界自然保护联盟（IUCN）开发和传播本评估方法所提供的资金支持。感谢英国政府提供的资助使得本评估方法及其相关工具得以进一步推广和发展。感谢挪威发展合作署（NORAD）为本手册的出版提供资金支持。

序

本手册的出版正值森林景观恢复(Forest Landscape Restoration)发展最为振奋的时期。最新研究表明,森林景观恢复不仅被普遍认为是一种规模化恢复生态完整性的重要手段,同时从全球到地方层面都能助力促进人民生计、经济、粮食和燃料生产、保障水安全,以及增强气候变化的适应和缓解能力。

2011年发起的波恩挑战(The Bonn Challenge)是森林景观恢复的一个重要里程碑。波恩挑战针对多个国际环境公约,提供了一个致力于恢复退化森林和土地的国际平台,其目标为在2020年前完成1.5亿公顷退化土地的恢复。波恩挑战帮助各个国家尽早在《联合国气候变化框架公约》(UNFCCC)下,采取行动减少毁林及森林退化造成的温室气体排放(REDD+),同时也尽早实现爱知生物多样性目标之目标十五(Aichi Biodiversity Target 15),即到2020年恢复至少15%的退化生态系统,以及其他例如与防治荒漠化和土地退化有关的国际目标。

本手册由世界自然保护联盟(IUCN)和世界资源研究所(WRI)联合编撰,是对森林景观恢复全球伙伴关系(GPFLR)和波恩挑战的一项重大贡献。本手册为国家或省级的森林景观恢复潜力提供了评估方法。其方法是基于加纳、墨西哥和卢旺达的国家级试点评估经验总结提炼而来。

在本书付梓的同时,多国多地区正在执行、启动或计划他们自己的森林景观恢复潜力的评估。我们希望本书在为这些评估工作提供借鉴指导的同时,也能听到来自他们的声音,特别是执行者对评估方法进行的调整或创新,以便我们能从中学习并不断优化本手册。此外,我们还将提供一系列关于ROAM评估法的工具和指导材料来补充并完善该手册。**更多信息,请联系** gpflr@iucn.org。

朱莉娅·马顿·勒菲弗
世界自然保护联盟（IUCN）全球总干事

安德鲁·斯蒂尔
世界资源研究所（WRI）主席兼CEO

森林景观恢复潜力评估方法简介

本手册所述的森林景观恢复潜力评估方法,其目的是提供一个灵活且低成本的使用框架,以帮助各国迅速识别并分析其所具有的森林景观恢复潜力,同时划分出国家或省级范围内最具景观恢复机会的特定区域。

一个完整的ROAM流程通常由一个小型核心评估团队执行,并与有关专家和利益相关方协作完成。国家级的评估通常需要评估团队在为期2~3个月的时间范围内通过15~30个工作日来完成。

森林景观恢复潜力评估方法(ROAM)主要产出

一个完整的评估可以提供下列六方面的成果:

- 一份最具有相关性和可行性的恢复措施清单,可应用于被评估的地区;
- 识别优先恢复的区域;
- 量化各种恢复措施的成本和收益;
- 估算因各种恢复措施产生的额外碳汇量;
- 明确森林景观恢复的关键成功因素,并制定策略去应对有可能面临的政策、法律和制度瓶颈;
- 分析在评估区域可开展的恢复干预措施的融资策略。

ROAM评估法支持各项国家级生态恢复项目和策略的开发,同时帮助各国确定和落实波恩挑战目标(到2020年在全球恢复1.5亿公顷退化林地),从而履行其在《生物多样性公约》《联合国防治荒漠化公约》和《联合国气候变化框架公约》中所做出的承诺。总的来说,ROAM评估法能够:

- 为改进土地利用决策提供更多信息支持;

- 为森林景观恢复工作提供宏观决策支持;

- 为国家级战略的投入提供支持,涉及森林景观恢复(FLR)、减少毁林和森林退化造成的温室气体排放(REDD+)、生物适应性和多样性以及其他方面,同时增强促进上述战略之间的结合;

- 为恢复项目更有效地整合资源提供基础;

- 提供机会增强不同部门的关键决策者和其他利益相关者的参与和协商；

- 促进各方形成对森林景观恢复潜力和多功能景观价值的共识。

试行版说明

　　本手册是基于少数几个国家在有限的森林景观恢复潜力评估经验上编写完成。如果您正在执行类似评估或使用本手册来指导森林景观恢复的决策，我们希望能得到您的反馈。请发邮件至gpflr@iucn.org，与我们分享您的经验，或访问www.iucn.org/ROAM 获取更多我们正在开展的试点工作。

　　本手册的修订版有望在未来出版。

快速导读

15

31

55

105

目录

图目录

表目录

导 言

    如果您决定开始阅读本手册,那么很可能您已经熟悉森林景观恢复(FLR)这个概念、其潜在的益处和影响,以及为什么要在国家或省级层面开展相关评估。如果您熟悉上述内容,您可以跳过这一章进入下一章的阅读;如果上述内容您不太了解,可以继续本章的阅读,本章旨在简要介绍森林景观恢复和ROAM评估法的内容和原理。

森林景观恢复(Forest Landscape Restoration)

什么是森林景观恢复?

    森林景观恢复(FLR)是对砍伐或退化后的森林景观,恢复其生态功能并增强该地区人类福祉的一个长期的过程。它是关于"森林"的,因为涉及一个地区森林的增量和树木的健康;它又是关于"地理景观"的,因为涉及整个流域、辖区甚至国家,其范围内有着各种相互影响的土地利用方式;同样它也是关于"恢复"的,因为它的存在就是为了复原一个地区的生物生产力以便惠及人类和地球。其整个过程是"长期的",因为它要求我们以中长期收益的眼光来看待森林景观恢复可能带来的生态和社会效益,尽管有些收益能够较快见效,例如就业机会、经济收入和碳汇等切实可见的收益。

    成功的森林景观恢复是一类具有**前瞻性、动态性**的方法,重点是加强景观的恢复弹性,并根据社会需求的变化或新的挑战来制订未来的方案,以调整和进一步优化生态系统产品及其服务。它集成了一系列指导原则,包括:

- **关注景观本身**。考虑和恢复整个景观,而不是单独的地块。这通常需要平衡在整个景观中相互依赖的碎片化(马赛克式)的土地利用,例如受保护的林地、生态廊道、次生林、农林混合用地、农业用地、管理完善的种植林和用于保护水道的河岸带。

- **致力于恢复功能**。恢复景观的功能,使其更好地提供丰富的栖息地,防止侵蚀和洪水泛滥,并抵御气候变化和其他环境灾害的冲击。恢复功能可以有许多方式,例如将景观"恢复"为"原始"植被,或采取其他策略。

- **允许多重收益**。旨在巧妙、适当地增加整个景观内的林木覆盖率来获得一系列生态系统产品和服务。在某些区域,可在农田中适当植树,以增加粮食生产、减少水土流失、遮阳和提供薪柴。在合适的地区,通过补植营造密闭林地,可以大量地固碳、保护下游的水供应并建立起野生动物丰富的栖息地。

- **利用多项策略。**考虑大量合格可行的技术策略方案以恢复景观区域中的林木，包括土地自然更新和植树造林。

- **促进利益相关方的参与。**让当地的利益相关方积极参与到对恢复目标、实施方法和权衡取舍的决策中。重要的是在恢复管理过程中应尊重利益相关方的土地及资源权利。恢复方案需与他们现有的土地管理方式协调，并能为他们带来收益。当地利益相关方的积极主动参与能完善景观恢复方案。

- **因地制宜。**恢复策略应该适应当地的社会、经济和生态环境条件；不应实施"一刀切"式方案。

- **避免天然林覆盖率进一步下降。**解决仍正发生的原始林和次生林减少及退化问题。

- **采取适应性管理策略。**随着环境状况、人类知识和社会价值观的变化，时刻准备调整恢复策略。随着恢复过程的推进，进行持续的监测、学习及策略的调整。

虽然森林景观恢复有时会涉及大规模植树造林来恢复连续成片的退化及破碎化林地（即大规模恢复），特别是在人口较少地区，但大多数可具有恢复潜力的区域都是在农牧业用地或其毗邻的地方。在这些情况下，恢复必须是去补充，而不是去改变现有土地利用方式。因此，会导致一片土地上形成不同的碎片化（马赛克式）的土地利用方式（例如，包括农业用地、农林系统和改良的休耕系统、生态廊道、森林和片林的零散分布，以及在河流、湖边缓冲带的生态保护植被）。如图1所示。

图 1
大规模恢复与碎片化(马赛克式)恢复

图 1a 大规模恢复与碎片化(马赛克式)恢复图示

大多数森林恢复可以归为两大基本类型: 大规模恢复和碎片化 (马赛克式) 恢复。前者旨在保护和重建传统意义上的森林; 后者旨在整合不同土地利用方式, 提高土地生产力。

保护原生林
初级退化
大规模恢复
次级退化
次生林
退化土地
碎片化恢复
永久牧场
永久牧场
集约农业土地

图 1b 大规模恢复与碎片化(马赛克式)恢复
(照片来自卢旺达, 恢复之前)

从图片中可看出前部的农田具有碎片化 (马赛克式) 恢复的机会, 而远处的山丘 (包括右侧正在实施开矿的地表裸露区域) 则更适合大规模恢复。

碎片化恢复
大规模恢复
碎片化恢复

　　根据森林景观恢复全球伙伴关系（GPFLR）委托，由世界自然保护联盟（IUCN）、世界资源研究所（WRI）和马里兰大学近期共同开发的全球恢复潜力评估报告显示，世界上有超过20亿公顷的土地可从某些恢复措施中受益（GPFLR，2011）。图2为全球森林景观恢复潜力图。

　　开展森林景观恢复的理由很多，并具有丰富的理论和实践支持。为了确保粮食和水资源安全，保障林地周边社区的生计，以及满足对林产品和生物质能源日益增长的需求，全面提高和加快现有生态恢复工作显得极为必要。单凭控制毁林无法在满足这些发展需求的同时又能增加碳储量、提高适应环境变化的能力以及挽回日趋减少的生物多样性。

图2

全球森林景观恢复潜力图

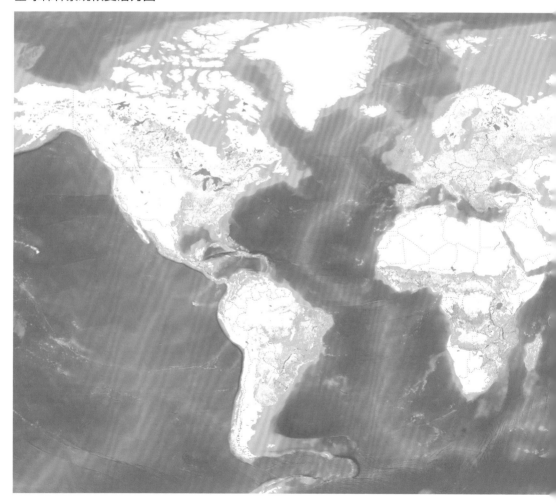

避免毁林至关重要,这有助于减少温室气体的排放,但同时还需要有力的景观恢复措施以有效减轻现有森林土地承受的发展压力,提供林产品的替代性来源、增强土壤肥力、减少水土流失(通过农林复合经营和复合型绿色农业)和完善碳密集型土地管理。因此,森林景观恢复也可以和其他致力于保障粮食安全和应对气候变化的措施综合使用,包括气候智能型农业和REDD+(采取行动减少毁林及森林退化造成的温室气体排放)。若在景观维度上结合上述两点考虑,恢复退化土地的生产力,森林景观恢复将有助于世界性范围内农地、混合农林地和森林面积总量的扩大。

这就是森林景观恢复的解决方案——将大面积的退化和被砍伐的林地转变为有弹性的多功能地区,以提高当地和国家的经济水平、增强固碳、确保粮食和水资源安全并维护生物多样性。本手册重点介绍森林景观恢复的潜在经济和固碳效益,因为它们是文中引用的森林景观评估案例的重点。

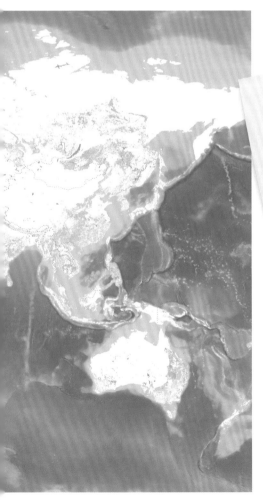

该图很好地展现了森林景观恢复的全球潜力;当然,国家层面的潜力分析能够展现恢复类型的更多细节。

森林和土地景观恢复潜力

大规模恢复

碎片化恢复

迁移式恢复

森林景观恢复和碳储存

在森林景观恢复可带来的众多收益之中,碳吸收和碳储存的重要性日益凸显。众所周知,恢复退化或被砍伐的林地可以显著增加土壤及已恢复的植被中的碳储量。作为一种固碳和缓解气候变化的有效手段,森林景观恢复对当地人民的吸引力在于它不仅可以带来切实的经济和生计利益,还能具有额外的碳效益。森林景观恢复也有助于减轻现有森林面临的发展压力,避免现有森林生态系统中碳的流失。

虽然过去的森林景观恢复项目并没有将固碳列入其主要目标, 但它们通常都会产生可观的碳效益。固碳可以为森林景观恢复提供额外的动力, 特别是它有益于全球固碳,同时也能为当地提供额外的社会经济效益,例如提供新的就业机会以及增加家庭收入。

通过森林景观恢复,能储存多少碳将取决于恢复地块的碳密度及恢复的规模。因此,虽然密闭林区能够在单位面积上产生最大的碳影响,低密度的混合景观恢复(例如,树木与农作物的农林混合土地利用或改良的休耕措施)有潜力从整体上产生更大的碳吸收效益,因为涉及的总体土地面积更大。

最终选择什么样的景观恢复方案将取决于当地人民和国家政府的需求和优先考虑顺序。这意味着,虽然森林景观恢复在碳吸收方面潜力巨大,但如果我们想要充分发挥这一潜力,则必须设计相应的干预措施来满足不同的社会需求。虽然听起来可能有些反常理,但是我们不应该一味追求用单一的干预措施来实现碳效益最大化。森林景观恢复通常涉及对碳密集型土地的管理,但这并不意味着一个成功的森林景观恢复方案会带来单个景观理论上所能提供的最大绝对固碳量。换句话说,固碳应被视为森林景观恢复的重要且充足的收益之一,而非唯一目标。

森林景观恢复和生物多样性

森林景观恢复有潜力产生巨大的生物多样性效益。为了使这种潜力最大化,应考虑以下问题:

- **通过景观恢复来重新连接不同动植物栖息地的潜力**。许多生态系统中的栖息地由于退化已经变得碎片化。而景观恢复则可以用来重建这些连接,从而保证物种的正常活动(例如物种迁移)。

- **通过景观恢复来增加栖息地面积的潜力**。在某些特定的栖息地种类所剩无几或完全丧失的情况下,景观恢复可以用来重建一个类似的生态区域。

- **通过景观恢复来提高栖息地质量的潜力**。通过在特定栖息地中提高物种丰富度,森林景观恢复可用于提高栖息地的质量。

在划分森林景观恢复潜力区域时，应尽量考虑扩大生物多样性水平高的地区，改善其质量和连通性，包括物种丰富度高的区域，或濒危物种栖息地，以及能提供重要生态系统服务功能的地区。

在森林景观恢复方案中更多地考虑潜在的生物多样性收益，可以有助于确保生态效益最大化。这些效益包括改善生态系统服务的提供(如供水、自然授粉、控制水土流失或固碳)和更稳定的生态系统，来更好地应对环境变化的冲击并适应气候变化。另外，通过森林景观恢复提高生物多样性，也可以帮助各国履行环境公约的国际承诺，例如与"生物多样性公约2011—2020年生物多样性战略计划"(CBD Strategic Plan for Biodiversity 2011—2020)及其生物多样性保护爱知目标相关承诺。

国家和省级层面的森林景观恢复评估(FLR assessment)

为什么要进行国家或省级层面的森林景观恢复潜力评估?

虽然全球层面的森林景观恢复潜力评估(上文所述)在一定程度上表明了特定国家内适合恢复的范围和地理位置，但其评估所固有的限制(包括分辨率低和无法使用具体国家的数据)使其在支持国家内部森林景观恢复战略方面的作用有限。因此，需要通过国家(或省级)层面的评估来进行完善和改进，其评估结果可能与全球层面评估图中所看到的结果大不相同。图3展示了墨西哥森林景观恢复潜力的两张不同层面的评估地图。

国家(或省级)层面的FLR评估能够：

- 补充景观级别土地利用和经济状况的缺失数据和分析。这些数据有助于更好地对土地利用做决策，并为可能的改革提供信息(如：土地利用权或农林部门的改革)。

- 为有关森林景观恢复、可持续性土地管理和REDD+**国家级战略工作计划**奠定基础。比如提供以下方面的概述：a.优先恢复区域；b.可行的不同恢复方案及其成本效益；c.需要参与该国森林景观恢复后续工作的主要利益相关方团体。

- 建立**领导层对森林景观恢复的支持**。通过与来自不同部门的关键决策者，以及对管理森林景观感兴趣或有影响的其他利益相关方进行接触，为森林景观恢复方案的未来实施奠定领导层的支持。

- **增强共识**。通过汇集政府机构工作人员、民间社会团体和研究人员，共同进行评估，从而促进社会各阶层就森林景观恢复潜力、多部门协作和景观恢复的价值和重要

图3
全球层面和国家层面评估中的墨西哥森林景观恢复潜力

图3a 全球层面评估墨西哥的FLR潜力图

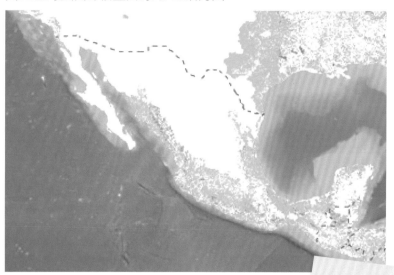

■ 大规模恢复
■ 碎片化恢复

上下两张图的对比反映了全球层面评估和国家层面评估的区别。后者可以补充前者在景观恢复潜力信息方面的缺失部分，修正前者误差，并标注出恢复潜力的相对优先级。

图3b 国家层面评估墨西哥的FLR潜力图

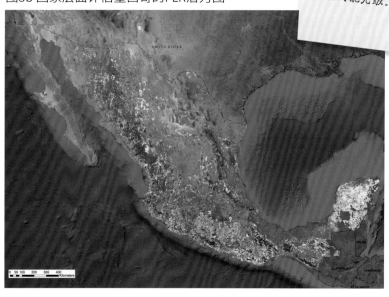

■ 重要恢复区域
■ 次要恢复区域
■ 次次要恢复区域

性,达成共识。

森林景观恢复潜力评估方法

森林景观恢复潜力评估方法(ROAM)的主要目的是为国家或省级层面的政策制定提供相关的数据分析支持。例如:与国家REDD+战略相关的工作计划、国家适应气候变化的行动纲领、国家生物多样性战略及其行动计划,或发展援助诉求。此外,ROAM评估法通常能够补充完善与其他国家优先政策有关的缺失信息。例如关于促进农村发展、粮食安全或能源供应的政策。这一类政策往往忽视利用对已退化或管理欠佳的土地进行恢复改造来达到自身的政策目的。

本质上,ROAM评估法就是通过一系列数据分析和迭代,来确定评估区域的森林景观恢复最佳方案。这种渐进的系统分析过程(如图4所示)旨在帮助回答以下类型的问题:

- 考虑到社会、经济和生态方面的可行性,我们可以对哪些地区进行景观恢复?

- 该国家/地区的恢复潜力有多大?

- 不同的地方对应的哪些类型的景观恢复方法是可行的?

- 不同的景观恢复方案相关的成本和收益(包括碳储存)如何?

- 现存哪些有利条件,或需要什么样的政策、财政和社会激励措施来支持该恢复方案?

- 我们需要与哪些利益相关方合作?

应该指出的是,这些问题都不是纯技术性的,仅凭事实和数据难以轻易回答。大量高质量的精准信息需要来自当地的专家,以及拥有关于当地生态和生计第一手资料的其他利益相关方。因此,在FLR评估执行的过程中需要结合"最专业的科学技术"和"最精准的当地知识"(如图5所示)来获得准确、切实的答案。此外,许多问题必然会与不同利益相关方进行讨论、争辩和协商。这种多利益相关方协商机制,可以用于调动不同土地利用方式的有机结合,甚至协调解决潜在的土地利用冲突。

虽然ROAM评估法的目标并不在于完成一个详细的、落实到具体地区的计划方案,但它可以帮助为后续的规划工作提供信息,如专栏1所示。

图4
森林景观恢复潜力评估方法（ROAM）简述

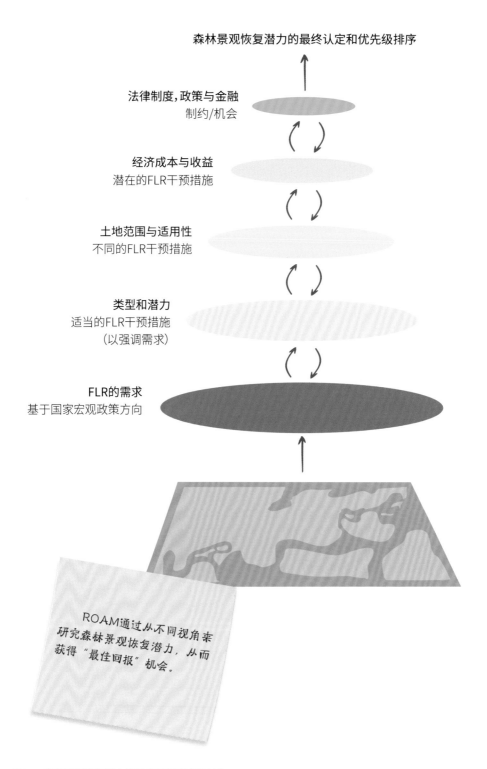

森林景观恢复潜力的最终认定和优先级排序

法律制度，政策与金融
制约/机会

经济成本与收益
潜在的FLR干预措施

土地范围与适用性
不同的FLR干预措施

类型和潜力
适当的FLR干预措施
（以强调需求）

FLR的需求
基于国家宏观政策方向

ROAM通过从不同视角来研究森林景观恢复潜力，从而获得"最佳回报"机会。

图5
结合最精准的知识和最专业的技术

最专业的技术

最精准的知识

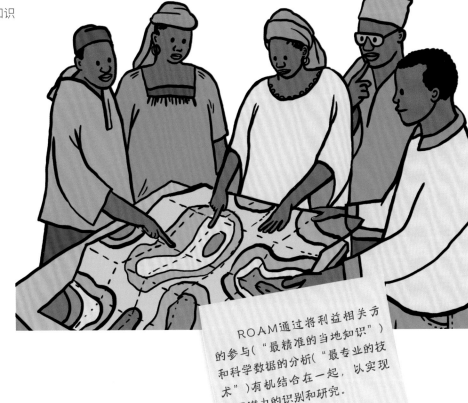

> ROAM通过将利益相关方的参与("最精准的当地知识")和科学数据的分析("最专业的技术")有机结合在一起，以实现FLR潜力的识别和研究。

专栏 1
ROAM应用在支持后续恢复项目中的角色

虽然ROAM的设计并非服务于传统的土地利用规划或恢复工程的可行性研究,但其对于上述项目的开展也奠定了基础。评估地图和其他产出将有助于决策者和方案规划者选择更具恢复潜力的地区,并为该地区如何进行恢复提供初步资料(包括哪种恢复方案最适合,以及该方案的预期成本和效益)。当然,这些初步的资料,还需要通过进一步的数据收集、咨询和实地考察加以核实与补充。

ROAM评估法包括什么内容?

无论是进行国家还是省级层面的ROAM评估,其程序通常涉及三个主要工作阶段:①准备和策划;②数据收集和分析;③结果与建议。ROAM评估法的完整过程如图6所示。必须注意的是,该过程中各个步骤的具体内容,以及采取这些步骤的顺序,可能需要结合评估目标的实际状况而进行调整。本手册将为这些具体步骤提供指导意见。

国家层面的评估通常需要评估团队在2~3个月周期内进行15~30天的工作。最好留出足够时间以与各公共、私营部门,民间组织和当地利益相关方充分接触。各社会成员广泛参与这一评估的过程能更好地促进各相关方的获得感,从而增强后续行动的执行力。例如,在加纳、墨西哥和卢旺达的评估需要大约2~5周的工作量,而前后总共花了2~4个月去吸引和筛选更多的关键利益相关方加入这项工作中。

试点应用

在该方法的开发和测试过程中,我们在加纳、墨西哥和卢旺达分别进行了三次省级层面的评估。根据测试方的要求,这三次ROAM评估的"试点"应用都使用了现有的最佳数据,为测试方提供了具体的分析结论和政策建议。除了这三个试点应用案例外,我们还根据墨西哥的具体经验在危地马拉进行了第四次评估。

专栏2简要描述了上述试点应用的内容。选择这些试点国家的目的是尽可能多地涵盖与国家层面评估有关的各种条件,包括生态系统和不同层次的数据,以测试ROAM评估法在不同情况下的适用性。

图6

典型森林景观恢复方法评估中的关键步骤

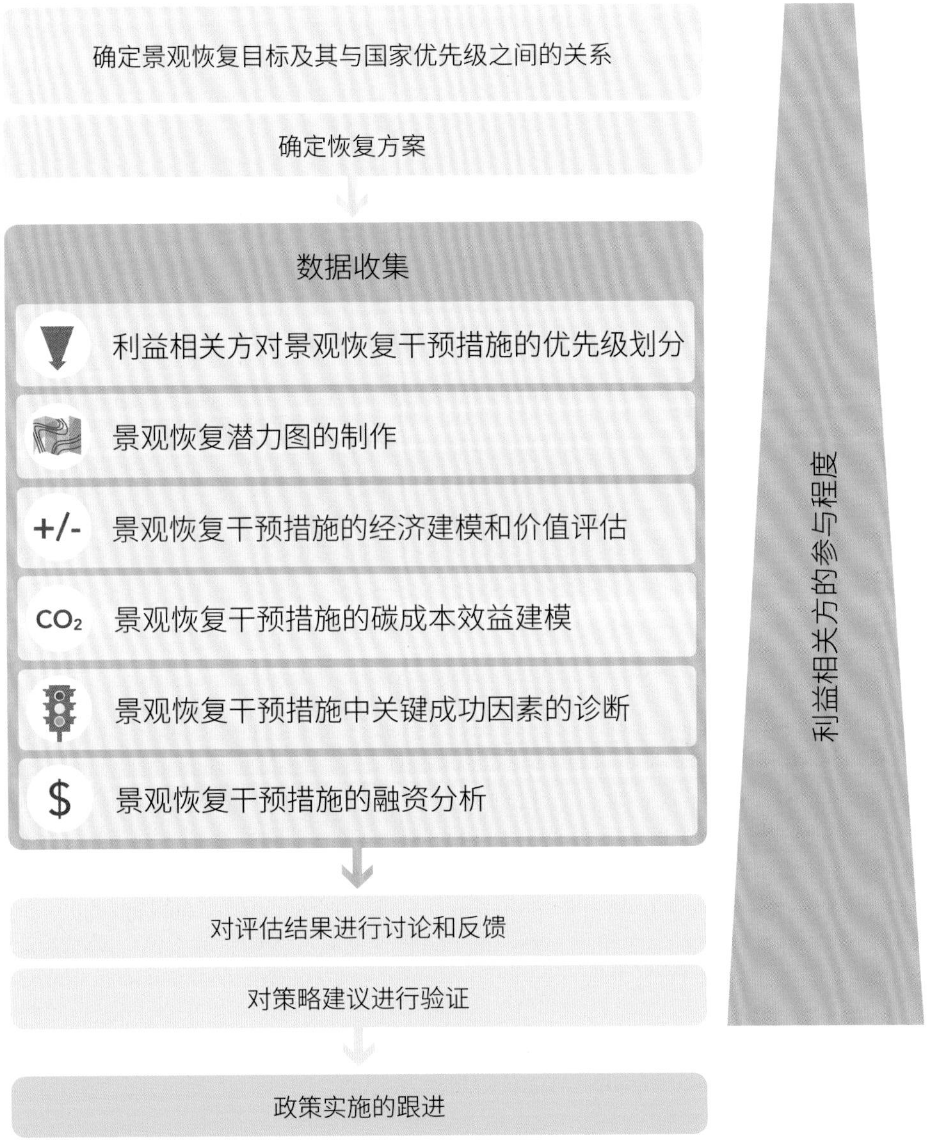

确定景观恢复目标及其与国家优先级之间的关系

确定恢复方案

数据收集

 利益相关方对景观恢复干预措施的优先级划分

景观恢复潜力图的制作

+/- 景观恢复干预措施的经济建模和价值评估

CO_2 景观恢复干预措施的碳成本效益建模

 景观恢复干预措施中关键成功因素的诊断

$ 景观恢复干预措施的融资分析

对评估结果进行讨论和反馈

对策略建议进行验证

政策实施的跟进

利益相关方的参与程度

专栏2
ROAM评估法试点应用

本专栏描述了ROAM评估法在开发和测试阶段中所进行的四次试点应用。具体的实施均根据相应评估工作的内容、现有数据的水平及预期的产出结果进行了调整。

在**加纳**，评估的一个关键目标是填补加纳森林资源状况数据中的巨大空白。由于可供地理空间分析和绘图的地理信息系统 (GIS) 数据非常有限，因此该评估极度依赖于当地部门和利益相关方的信息数据和相关知识。在该国的全部区域内(近24万平方公里)，均使用了快速"知识图谱法"。这项评估得出了国家级FLR潜力图，并进行了一些补充分析，诸如森林景观恢复方案干预措施(FLR interventions，下文简称：FLR干预措施)可能需要的成本和产生的收益(包括潜在的固碳效益)。该评估图及其经济分析为加纳成功申请世界银行森林投资提供了信息支持。同时，该评估结果也被用于其林业部门进行高层次决策，并不断地被国内外利益相关方所使用。

在**墨西哥**，该评估的主要目的是协助其制定跨机构的国家级森林景观恢复战略。该国有大量的地理信息系统 (GIS) 数据可以使用。尽管牵涉到多方利益相关者去参与选择即将要纳入的景观恢复评估标准，但是该评估方法很大程度上仍然结合现有数据(通过使用"数字图谱法")去执行。评估范围的面积达到了近200万平方公里。最终得出了一张可用于判断各区域森林景观恢复优先级的国家层面评估图。其联邦机构结合当局制定的不同国家目标，评估地图来确定实施行动的优先顺序。同时，墨西哥当局将以此评估结果为参考，拟订国家级森林景观恢复战略，加强完善现有的森林景观恢复的政策手段。

在**卢旺达**，这项评估的源动力来自卢旺达政府2011年一项雄心勃勃的承诺，即到2035年在全国范围内实施森林景观的恢复。因此，此次试点的主要目的是加大卢旺达的恢复工作力度。此次评估同样有大量的地理信息系统数据可供使用，该部分现有数据可以与专家和利益相关方们提供的信息相结合。此次评估规模远小于上述两个试点区域(约2.6万平方公里)，主要是由于该国家面积相对较小。这项评估图涉及该国确定的八项"最佳回报"的FLR干预措施。评估结果包括了诸如该国是否能够执行这一战略的初步诊断，以及对各类森林景观恢复措施筹集资金的融资方案进行了初步分析。评估结果已在总统简报中进行了总结，并进行了内阁层面的审议。

在**危地马拉**，国家森林研究所决定启动一项参与式实践项目，以制定森林景观恢复潜力图。评估的目的是为该国第一个国家级森林景观恢复战略的制定，以及为重塑现有的森林恢复激励计划打下基础，以便更好地与森林景观恢复方法保持一致。这对于协助该国履行其有关土地利用的国际公约、制定相关国家政策具有重大意义。拟定的评估和国家战略同时也旨在构建一个跨部委的平台，以便优先解决减贫、提高食品安全和气候减排等问题。例如，通过森林和其他土地互补利用的方式。

阶段1：**准备和策划**

此阶段可能会涉及一系列的讨论和会议,以帮助准备和策划评估的实施,最终在国家级启动研讨会上分享并寻求领导层的支持。

确定问题和森林景观恢复目标

开展评估初期,首先需要确定问题的陈述(或者说挑战的具体内容),以及明确一系列宏观的、国家或省级的景观恢复目标,从而明确FLR评估需要满足的宏观政策目标(见下文专栏3中的例子)。这些问题或许已在政策文件、研究报告等中被提出,可能囊括了国家内任何因土地退化、水土流失、毁林、土壤生产力下降或者例如水灾、旱灾之类的重大气候事件所带来的土地利用挑战。

阐明森林景观恢复目标与国家、省级或部门的政策的相关性非常重要。需要牢记的是,森林景观恢复方案牵涉到多个部门。使FLR目标与这些宏观战略目标保持一致(并在整个评估过程中始终保持这种一致)将有助于确保评估结果的针对性,同时让评估成果对国家主要决策机构来说更加令人信服。图7充分显示了卢旺达的评估团队是介绍FLR如何对该国战略发展目标作出潜在贡献的,包括提高森林覆盖率、保障能源生产、清洁水的获取、粮食生产、减贫和提高人均国内生产总值等。

图7

FLR干预措施对于卢旺达国家战略发展目标作出的潜在贡献

卢旺达的评估团队制作的这张图表,用以向决策者展示森林景观恢复干预措施组合将有助于实现该国《2020年愿景》中提出的一系列的国家发展目标。

卢旺达森林景观恢复

- 天然林恢复
- 防护林恢复
- 片林(小规模林地)恢复
- 农林复合

森林资源	资源生产	水资源	食物
森林覆盖率增至30%	70%的电力供应	100%的清洁用水	农业产量增至2600千卡*/天

经济指标
贫困率20%;人均国内生产总值达到1240美元

* 1卡=4.186焦。

在提交给决策者之前，评估团队需要确保能清晰地阐述森林景观恢复要解决的问题和目标。需要注意的是，应避免将森林景观恢复作为每一个国家宏观目标的解决方案。相反，最好缩小问题陈述的范围，避免长远宏观的目标，这样有助于用切实可信的方式去解决问题。

专栏3
关于森林景观恢复的问题和目标陈述的案例

此处展示了如何阐述森林景观恢复的问题或目标。

需解决的主要问题：

- 由于水土流失和土壤保水不足，农业土地生产力不佳；
- 沿海地区受到洪水和盐碱化的影响；
- 因森林用地的退化或用途转化，树木从景观中逐步消失；
- 森林保护区和国家公园因土地利用的重大变化而破碎化；
- 由于水土流失和淤积过多而导致的水质下降。

森林景观恢复的长期目标：

- 提高脆弱森林用地的复原力和生产力；
- 控制水土流失，改善流域管理；
- 阻止并尽可能地恢复当下的土地退化过程；
- 改善当地人民的收入；
- 保护生物多样性，恢复新栖息地和生态廊道；
- 恢复天然的海岸保护生态系统；
- 改善当地、区域层面及全球层面的生态环境服务供给。

吸引关键合作伙伴

寻找评估机构

明确一个带头机构以及其在引领评估过程中的责任至关重要。评估过程需要有一个主导机构，又或者是若干个机构形成的伙伴关系，主要承担整个评估流程的协调作用。这不仅关系到评估结果的可信度和后续性，同时因为建立起了一个机构"中心"，围绕该中心的ROAM评估的具体应用方法（涉及多部门、多利益团体协作）也就能随之构建出来了。具体涉及的部门和机构可以包括政府部级单位（如自然资源部或农业部）、国家机构（如国家水务局）、非营利机构或学术机构（如科研院校的GIS专家组）。由于森林景观恢复整个实施过程涉及多个部门,没有一个政府机构能具备监督评估所需的所有技术专长。因此,如果评估机构核心团队设在一个特定的政府机构内,则必须确保不同部门以及与其他伙伴组织之间的紧密合作。初期研讨会(见第51页)将是帮助建立和加强伙伴关系的绝好机会。

建立团队以协调和引领评估

评估的发起人需要组建一个团队来协调和主导工作。这个团队可能由3~4个人组成,他们将主导执行大部分工作和数据分析,同时得到大量专家提供支持。这些专家将定期参与会议并针对他们的专业领域提供意见和见解。

核心团队的组成必然由当地具体情况来决定。不过,据我们的经验表明,以下的专业技能是非常重要的:

- 评估团队组长:他/她需要充分了解评估地区的土地利用方式,包括宏观的法律、政策和体制框架;

- 经济学家;

- 土地利用专家:熟悉GIS地理信息系统;

- 社会学家:清晰了解传统和法律框架下的土地和资源利用方式,具备性别平等知识,并具有很强的协调研讨的能力。

世界自然保护联盟和世界资源研究所可以推荐具有开展ROAM评估法实施经验的协调员。获取协调员名单请联系:gpflr@iucn.org。

评估团队应根据背景和技能来积极寻求评估团队的其他成员,选择的成员可包括:

- 政府决策者;

- 利益相关方代表:来自非政府组织、农民协会和地方行业协会;

- 技术人员:来自政府、民间或私营部门,掌握林业、水资源、生物多样性、气候变化、农业和土地利用权等专业知识;

- 其他人员:来自技术支持机构和大学,掌握GIS、经济分析和制度分析等方面技能。

确定评估的成果和规模

在评估的早期阶段,确定ROAM评估的预期成果和规模是一个持续的过程。这不仅要在评估团队小组内部进行讨论,也应该在启动研讨会(指用来启动FLR评估的多利益各方研讨会,见第51页)期间进行充分讨论。同时,评估团队应该在启动研讨会上明确,基于现有的时间和有限资源,什么样的评估产出是可预期的。这将有助于避免冗长的、永无休止的辩论,或者因为野心太大而难以达到预计目标的风险。

成果

至此,您已明确了基于现有国家宏观战略目标基础上的森林景观恢复问题阐述和长期目标(见第31页),是时候确定评估的预期成果了。这些成果输出会因不同的评估内容而异。例如,某些国家可能仅仅希望简单地确定土地退化的主要区域,而另一些国家则可能希望进一步对这些区域进行优先级的排序,并估算景观恢复措施的成本和收益。预期产出说明还需要阐明评估结果是如何转化为后续具体实施的。专栏4将举例说明预期成果。

专栏4
使用ROAM评估法得出的目标说明:墨西哥案例

此评估的预期成果包括:

- 建立为森林景观恢复相关机构对话的空间;
- 在共同的森林景观恢复目标框架下,协调统一不同机构执行的景观恢复方案;
- 确定恢复的重点优先区域;
- 对可应用于森林景观恢复的现有政策工具进行优先排序,并商定国家级森林景观恢复方案的潜在负责人;
- 确定合适的森林恢复方案。

森林景观恢复的潜力优先地图,将被参与评估过程的联邦或部级机构用于制定FLR国家战略,通过调整和优化对森林恢复造成影响的各类现存政策手段,更好地达到景观恢复的政策效果。森林景观恢复国家战略一旦形成,将成一个吸纳当地和国际资金的融资规划方案,以吸引更多对景观恢复措施的资金支持。

地理范围

要决定ROAM评估实施的地理范围,我们不可避免地需要去权衡成果产出的范围和目标,因为评估过程会受到资源、时间和交付期限的限制。例如,实施者最初想开展全国层面的评估,但因为条件限制,现阶段可能只能在省级层面开展。当然也可以作出适当调整,可以先在全国层面进行初步评估,之后再在优先区域内进行更详细的评估。

划分评估区域

大多数国家在其国家范围内都存在自然、生态和社会经济特征分布上的巨大差异。例如,丘陵和平原、湿林和旱林、沿海和内陆、农村和近郊等。评估团队需要将国家或省级评估区域进一步划分,称为子域,指的是基于景观恢复相关属性的同质区域。这个划分过程对后面的操作尤其重要,保证后期分析过程中每个子域能够使用相同的默认值(例如人口增长率、人力成本和每公顷生产力)。随着恢复的开展,可以根据利益相关方的反馈,对每个地理子域的恢复方案和特征再进行分析、回顾和完善。

评估团队应明确阐述用于细分评估区域子域的"准则"。以下的"经验法则"可以用于借鉴:

*   尽可能尊重行政区边界(如不要将行政区域进一步划分),因为行政区往往是可获得景观恢复相关生态、行政管理和经济数据的最小行政单位。

*   尽可能尊重不同的农业生态区(如不要将农业生态区进一步划分),因为农业生态条件会对不同恢复方案的相关性和生产力产生重大影响。

*   以抓住关键恢复特征间的主要差异为目标,限制子域的数量,否则评估会变得非常繁琐。子域数量应控制在5~12个。

*   优化子域的大小,避免过小的子域,并尽量使它们大小一致。这种评估方法旨在提供大范围的恢复潜力"全局地图",而不是对任一具体区域进行具体分析。评估不打算(也并不适合)对景观恢复项目进行操作规划,因此必须避免高精度的评估。否则,评估与特定项目/地点的技术可行性研究之间的界限会变得模糊。

评估区域的划分过程本质上是一个务实的过程，妥协和让步在所难免。实际细分的标准将取决于可供参考的数据和评估区域的主要特征（如地形、土地利用和土地退化原因）。由于每个子域相互连接但是属性各异，因此强烈建议从农业生态学基础指标出发，如：降雨、温度、海拔、主要土壤类型等等。之后可以考虑其他标准，如：

- 土地覆盖类型；

- 人口密度；

- 常见自然资源的产业类型；

- 特定林产品的需求水平（盈余/赤字）。

图8和表1显示卢旺达国家森林景观恢复评估的评估子域细分过程，包括划分的地理位置和特征。

图8
卢旺达评估团队定义的7个评估子域

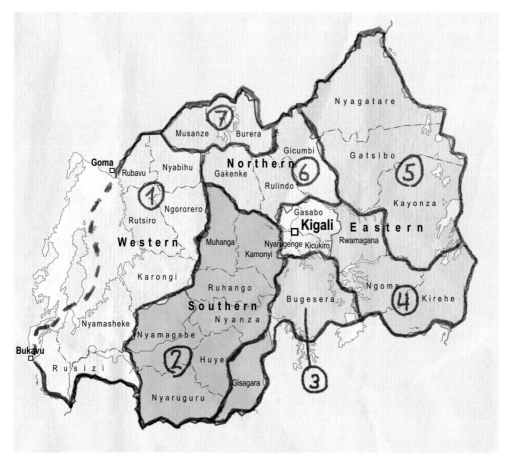

表1
卢旺达森林景观恢复评估中的子域细分结果

	层级	特征（根据已有的数据组）
1	基伍湖（Lake Kivu）岸区	个别地区的人口密集（例如Rusizi地区），水土流失风险较高，降雨量大，存在对自然资源影响较大或受影响较大的关键产业（作物出口、水电、采矿业、旅游业）
2	中部高原	土壤高度退化，贫困率持续上升，薪柴严重短缺
3	阿马亚加（Amayaga）低地	低地，干旱风险持续加大，结构性土地改革，存在严重依赖自然资源的关键产业
4	东部山脊及高原	土壤高度退化，贫困率持续上升，人口压力大
5	东部旱地热带稀树草原	低地，干旱风险持续加大，土壤肥沃，蒸散量大
6	布贝拉卡高地	人口密集，薪材严重短缺，酸性土壤，气温较低
7	火山和高原	碱性土壤，土壤肥沃，人口密集，存在严重依赖自然资源的关键产业（旅游业、作物出口）

图示为卢旺达评估团队定义的7个评估子域。该划分主要基于国内的农业生态区域，同时也考虑到了行政区域边界问题（图中的灰色虚线）。

明确潜在森林景观恢复方案选择（FLR options）

　　评估团队需要拟订一份最适合国情的初步FLR干预措施清单，然后需要进行多次反复地推敲来筛选出若干FLR干预措施方案，保证其社会适用性和经济可行性。这个过程需要经过对生态环境、经济和制度的分析（评估过程后期），以及与利益相关方磋商（并从中得到反馈）结束后，才能确定最终的景观恢复方案。利益相关方的意见类似于"拼图"的最后一片。

　　一开始评估团队可能会得到一个较长且非常详细的，适用于当地的景观恢复措施清单。随着评估进程的推进，这个清单会逐步简化，其中有些条目会被合并和删除，最后可能会剩下5～15个明确的措施项目。在这个过程的早期阶段，制定可能的干预措施的最佳方法是通过以下方式对国内正在进行的恢复活动进行归类：①主要在森林土地上进行的景观恢复活动；②主要在耕地上进行的景观恢复活动；③主要用以保护斜坡、河流、湿地或沿海地区的景观恢复活动。

　　如表2所示，森林景观恢复全球伙伴关系（GPFLR）已经根据这三种土地利用情况，制定了七类常见的FLR干预措施类型。从下面这个清单出发，可以帮助您初步明确适当的干预措施。三种土地利用情况和七个FLR干预措施类别包括：

- **林地：**指的是森林所在地或将成为以森林为主的区域。它包括受保护的林地和生产性的林地。如果土地没有林木，可以通过人工造林（第1类）或自然更新（第2类）进行恢复。已退化的林地可以通过补植恢复和森林培育来恢复（第3类）。

- **农耕地：**指的是用于粮食生产的土地。如果是常用耕地，可以通过农林复合经营（第4类）恢复。如果是轮歇地，可以通过改良式休耕（第5类）来恢复。

- **保护用地及其缓冲区：**该类型土地对气候或其他环境影响非常敏感，同时在减灾方面发挥关键作用。某些土地可能用于农业或林业生产，但其在维护生命和财产安全、以及维系生态系统服务方面也具有非常特殊的价值。这类土地通常（但并不总是）与海洋和淡水生态系统密切相关。FLR干预措施可能包括红树林恢复（第6类）、流域保护和水土流失防治（第7类）。

　　表3显示了卢旺达评估中拟定的潜在恢复方案的初步清单。景观子域的属性决定了景观恢复方案的类型，以及恢复干预措施的优先级。例如，基伍湖沿岸密集的人口、陡峭的斜坡和高度侵蚀的水土使得梯田上的农林复合业成为该地区优先恢复的选择。如本手册后续章节所述，这个表最初含有21个方案，随后被缩减为8个（参见第62页）。

表2
森林景观恢复方案选择框架

土地类型 （用途）	子类划分	森林景观恢复 （FLR）类别	描述
林地 林地或将成为以林为主的区域 →适用于大规模的恢复	如果土地目前没有林木	1. 人工造林	在之前的林地上植树。可以是本地树种或具有其他用途的外来树种，薪材、木材、建筑、原木、水果等
		2. 自然更新	让之前的林地自然更新。通常该地块已高度退化，无法保障过去的功能，如农业生产。如果该区域极度退化并不再有任何种子来源，需执行进一步种植
	如果是已退化林地	3. 森林培育	改善现有受损的森林和林分质量，如通过减少火灾和放牧，进行抚育间伐和补植等
农耕地 用于粮食生产的土地 →适用于碎片化（马赛克式）的恢复	如果是常用耕地	4. 农林复合	通过造林或天然更新，在现有耕地（轮耕地）上种植以及管理林木，以起到提高生产力、提供旱季饲料、增加肥力、保持水土等作用
	如果是轮歇地或废弃的耕地	5. 废弃/休耕改善	通过在休耕地种植及管理林木（如控制用火、延长休耕期等）来提高土地生产力，但要注意不改变该土地的长期利用方式（即耕地）
保护用地及缓冲区 对气候或其他环境影响非常敏感，又同时在减灾方面发挥关键作用，维护阶段处于最关键的土地 →适用于红树林恢复、流域保护及水土保持	如果是退化的红树林	6. 红树林恢复	在河口及海岸地区种植或恢复红树林
	如果是其他保护性用地或缓冲区土地	7. 流域保护及冲蚀防治	在非常陡峭的坡地、河道沿岸、易受洪涝影响的区域以及重要水域附近，开展森林恢复及改造

表3
卢旺达不同评估划分的恢复方案初稿

干预措施/地区	基伍湖岸	中部高原	阿马亚加低地	东部山脊及高原	东部旱地热带稀树草原	布贝拉卡高地	火山和高原
1. 农用林							
梯田农林复合	●	●				●	●
非梯田农林复合	●	●	●	●	●	●	●
经农民管理的自然更新	●	●	●	●	●	●	●
2. 用于生物质生产的片林							
新建大型/商业片林（＞2公顷）	?		●	●	●		
新建私人片林（＞2公顷）	●	●	●	●	●	●	●
管理改善小型片林	●	●	●	●	●	●	●
改善木炭生产	●	●	●	●	●		●
改善的厨灶	●	●	●	●	●	●	●
3. 天然林							
改善管理并恢复退化天然林	●	●			●	●	
重建或恢复非森林土地上的天然林	●	●	●	●		●	

优先级　|　● 第一优先级　|　● 第二优先级　|　● 第三优先级　|　? 待定

卢旺达评估团队后续将此处的21个恢复干预措施调整为8个"最佳回报"方案（详见第62页表10）。

干预措施/地区	基伍湖岸	中部高原	阿马亚加低地	东部山脊及高原	东部旱地热带稀树草原	布贝拉卡高地	火山和高原

4. 工业用材种植林以及私有农作物林

干预措施/地区	基伍湖岸	中部高原	阿马亚加低地	东部山脊及高原	东部旱地热带稀树草原	布贝拉卡高地	火山和高原
新建工业用材种植林（>2公顷）	●	●	●	●	●	●	●
改善管理用材种植林（>2公顷）	●	●	●	●	●	●	●
整合天然林边坡（>2公顷）	●					●	●

5. 流域管理用林

干预措施/地区	基伍湖岸	中部高原	阿马亚加低地	东部山脊及高原	东部旱地热带稀树草原	布贝拉卡高地	火山和高原
新建上游流域林	●	●	●	●	●	●	●
固沟和矿区恢复	●	●				●	●
在敏感地点（山顶和水塔）上用本地树种替代桉树	●	●	●	●	●	●	●

6. 湿地、湖泊保护用林

干预措施/地区	基伍湖岸	中部高原	阿马亚加低地	东部山脊及高原	东部旱地热带稀树草原	布贝拉卡高地	火山和高原
改善水体缓冲	●	●	●	●	●	●	●
在湿地中重新引进本地树种	●	●	●	●	●	●	●

7. 林牧系统

干预措施/地区	基伍湖岸	中部高原	阿马亚加低地	东部山脊及高原	东部旱地热带稀树草原	布贝拉卡高地	火山和高原
森林范围内围牧	●	●	●	●	●	●	●
牧地上植树	●	●	●	●	●	●	●
火灾防控管理		●	●	●	●		

明确评估的准则和指标

除了指导子域划分的若干指标外,还需要一套更为广泛的评估标准,以用于分析每个子域内的森林景观恢复机会。这些标准的选择依据关键在于它们能否帮助评估解决ROAM指南的核心问题:

- 森林景观恢复(FLR)的需求;

- 适当FLR干预措施的类型和潜力;

- 不同FLR干预措施类型下的土地规模和可用性;

- 潜在FLR干预措施的成本和收益;

- 法律、机构、政策和资金上的障碍/机会。

所选的准则会随着评估的具体目的变化而变化。因此,如果目标是根据退化土地的严重程度来识别恢复潜力的话,有关土地和土壤退化的标准就足够;然而,如果目的是优先考虑FLR方案选择的话,则需要进一步明确标准,例如土地可利用性、森林景观恢复在这些区域实施的可行性和收益等等。

表4提出了与这五个因素有关的一些问题。这些问题在明确评估标准时需予以考虑,而表5则列举了一些可能的评判依据和指标。表6展示了为墨西哥评估选定的一套标准和指标。以上这些都是通过两个独立的多利益相关方技术研讨会讨论得出的。在墨西哥的案例中,指标的选择是基于可反映所选标准的地图数据集来决定的。

表4
一些有助于指导评估标准确定的问题

分析层级	指导选择评估准则可能的问题
基于现存的国家优先要务的森林景观恢复**需求**	该地区的哪些部分需要采取恢复措施?或将受益于恢复措施?
适当的FLR干预措施**类型和潜力**, 以满足需求	什么类型的恢复最为合适?最被需要?
	恢复可以帮助解决一些什么需求?
不同FLR干预措施类型下的**土地规模和可用性**	什么类型的干预最为适合?适合什么区域?
	每种干预类型的总体潜在范围是什么?
	存在什么类型的土地利用权制度?
	这些区域的政府政策或战略是什么?
	土地所有者和土地利用者对景观恢复有兴趣吗?
	该区域是否有任何的商业或社区利益?
	是否有利益冲突?
潜在的FLR干预措施**成本和收益**	这些潜在的干预措施,在整套和仅单项干预措施介入的情况下,将花费多少?
	他们可以带来哪些经济收益?谁受益?在什么时间范围内?
法律、机构、政策和资金上的障碍/机会	现有的政策和体制,哪些有利于恢复? 哪些给恢复造成了阻碍?哪些融资来源可用或可争取?

分析层级可参见图4
（第24页）。

表5

一些与FLR评估有关的标准和指标示例

评估重点	标准示例	指标示例
森林景观恢复的需求	土壤退化	水土流失风险程度
	人为干扰和毁林	原生和次生植被;历史土地覆盖类型
	洪水风险	近50年主要泛洪区
	地形	坡度> 8.5°(15%),即大于中等坡度
适当的FLR干预措施的类型和潜力	森林景观恢复潜在性	任何正在进行或已完成的景观恢复项目的地点和范围
	森林景观恢复类型	已经实施的景观恢复干预措施类型
	不同森林景观恢复方案干预措施的适合性	对过往景观恢复项目成功案例的评估报告
不同FLR干预类型下的土地规模和可用性	土地利用方式的冲突	部门战略/计划(例如:工业或农商业发展)
	土地覆盖率/土地利用限制	道路、铁路、居民点、岩石出露区等
	社会方面支持因素	是否有运作良好的社区保护地、社区共同管理的森林
潜在的FLR干预措施的成本和收益	森林景观恢复干预措施的成本	该地区现有的FLR干预措施的成本报告
	生计得到改善	是否存在非木质林产品市场;预估的木材产品的生产力和盈利能力
	土地生产力得到提高	预估的农林复合业生产收益;预估经恢复的红树林所带来的渔业收益
	自然保护地的连接性得到改善	现有保护地间的距离;战略性造林以连接现有保护地的潜力
	固碳	利用全球或国家级研究成果计算不同干预措施带来的预计固碳量
法律、机构、政策和资金上的障碍/机会	政策和法律	对于土地利用、保护、恢复等方面的政策文件和战略;实施中的土地利用权制度(包括法律规定和约定俗成的制度)
	机构制度	过往景观恢复项目的投资回报率
	财务状况	过往景观恢复计划的资金来源

表6
为墨西哥评估选定的一套标准和指标

标准	指标
生态因素	
土地退化	不同类型土壤的水土流失脆弱性
火灾	火灾抗灾能力
全球范围重要但未被重视的生态系统	巨叶森林;红树林
保护地之间的连接性	距离保护地的距离
人为干扰和毁林	经济压力指数
社会经济因素	
森林土地利用方式的冲突	实际和潜在土地利用情况比较
森林恢复干预措施的潜在有效性	毁林风险
保护性用地的法律地位	属于保护地范围内的土地

此处的指标与特定的国家级GIS数据库有关。评估团队使用这些当地指标来作为评估标准指标。

计划工作

明确数据和能力需求

数据需求

此阶段可以开始评估数据需求。大多数数据是地理空间类型的数据（即以地图形式存在或较易制作成为地图），其他数据则为报告和研究的形式，特别是与政策、战略规划、项目以及各种社会经济有关的资料。

如果发现所需数据有所缺失，需要确定能否解决此问题；如果可以解决，需要确定具体如何行动。虽然可以开展新的信息收集活动，譬如实地调查、与主要利益相关方的访谈，或专业解读分析新卫星图像，但这些活动应仅在绝对必要时开展。ROAM是针对使用现有数据而开展的评估，即使现有数据有限。一般来说，最好使用更简单或容易获取的数据。如果不能确定能否及时完成，则不应策划新的专题研究。特别是谨慎考虑是否需要收集新的地理空间和经济数据。依赖那些不一定能够按时收集到的数据，可能会打乱整个评估工作。一般来说，评估应避免过度依赖地理空间数据。

解决数据缺失的另一个有效做法是开展德尔菲调查（Delphi-type）。德尔菲调查通过多轮迭代方式，收集相关专家的意见，并将每一轮的意见结果作为反馈再次递交给专家，通过反复提供改善意见，集思广益形成最终结论。另外，只要明确说明该分析部分地采用二手数据的事实，就可以借鉴使用与该评估区域具有相似特征的其他区域生成的类似数据。例如，在加纳评估中，经济成本和收益数据非常少，因此该评估过程采用了德尔斐调查法，得出了可靠的估算值。在缺乏规范设计、没有经过同行审议的经济调查数据时，使用德尔菲调查是最优的方案。而且，越早采取这种变通性的解决方案越好，因为尽管这种调查不需要大量的人力成本，但是仍需要几周时间才能收集齐专家意见。

如果找不到可用数据，则需要选择一些替代指标用于开展评估。例如，当地未加工薪材的市场价格变化，可以作为薪柴稀缺性或过剩性的替代指标。

能力需求

一旦对需要的数据及其可得性有了一定了解，您就可以评估自身团队能力，判断是否需要调用其他国内专业技术支持了。例如，您可能需要获得国内专家的帮助，用不同系列的地理空间数据（例如土地覆盖类型、土地利用方式等）来准备和分析GIS信息。或者，您可能想与国内的主要学者或其他专家探讨评估区域内有关土地和资源使用权、文化规范和资源利用方面的社会冲突等方面的信息。

这个阶段的关键战略问题是如何完美地将本地专家的知识（"最优知识"），与现有数据集、地图和文献（"最优技术"）相结合。专业知识、利益相关方的参与和其他数据源的结合往往能带来最佳效果。

计划利益相关方的参与

评估团队的下一个任务是在评估区域中明确与森林景观恢复相关的主要利益相关方。划分利益相关方的方式有很多种。根据本手册的目的,明确了以下三大类的利益相关方(如图9所示):

- **主要**(直接)利益相关方:对景观范围内自然资源有着直接利益关系,或许是因其生计依赖于这些资源,或许他们直接利用这些资源。主要利益相关方可能包括区域内的农民、牧民、林产品采伐者和私有企业。每个利益相关方群体都不是一个单一性质的群体,例如,您可能需要根据财富、拥有土地面积的大小或牲畜的数量来区分不同的农民群体。这些群体具有不同的资源、不同程度的商业倾向,通常会在未来的森林景观恢复方案中倾向于不同的土地利用方案。另外也需要特别考虑性别差异。如果评估区域包括社区集体土地,则需要让当选的社区代表也参与进来。

- **次要**(间接)利益相关方:对资源有着相对较多的间接利益关系,例如涉及资源管理的机构或中介,或至少部分依赖因资源产生的收入或商业机会的企业。次要利益相关方也包括对该评估区域的森林和土地有重要影响的各级政府管理机构。

- **利益群体**:是那些不受森林景观恢复过程影响,或不对其产生直接影响,但对其结果非常感兴趣的个人或组织。这些群体可能包括致力于环境保护、生物多样性保护和减贫的国际或国内非政府组织(NGOs)。

图9
与ROAM应用相关的典型利益相关方群体

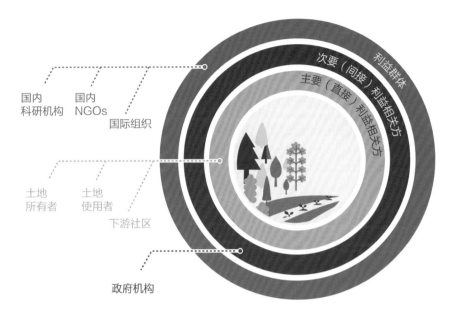

国内
科研机构　国内
　　　　　NGOs
　　　　　　国际组织

土地
所有者　土地
　　　　使用者
　　　　　下游社区

政府机构

次要（间接）利益群体
主要（直接）利益相关方
利益群体

　　　表7列出了这三类利益相关方的一些典型例子，以及他们在FLR评估中的潜在利益和扮演的角色。评估团队通过内部讨论以及与其他熟悉评估区域的人员进行讨论，就能找到关键利益相关方。在随后的评估过程中，评估团队需要计划如何以及何时接触这些利益相关方的代表，并与之建立联系。评估团队需要明确区分那些以亲身参与的利益相关方和通过代表来参与的利益相关方。平衡不同利益相关方的参与是评估取得成功的关键要素。这样能确保利益相关群体的知识和经验能够更好地反映到评估分析中去，而评估过程也能更好地考虑他们的反馈意见和看法（譬如森林景观恢复对利益相关方的生计和收益可能造成的潜在影响）。

　　　理想情况下，团队应尽早地与利益相关方接触，以便更好地将他们的知识观点和其他科学数据同等地纳入评估过程和相关讨论中。然而，有时初期阶段并没有足够的可用信息以明确土地利用管理方案，因此有必要在评估进程中定期回顾和重新评估还有哪些额外的利益相关方需要参与。

评估机构的隶属关系将影响利益相关方的参与,因为每个机构都有自己行业内的利益相关方,平衡这种偏差非常重要。例如,如果评估机构隶属于林业部门,就应该更积极地鼓励农业领域的利益相关方的参与。

评估团队还应该积极主动地向关键利益相关方通报评估流程和最新成果,以确保对后续项目起关键作用的个人和机构之间了解评估内容(例如:该国森林领域投资项目的参与者)。这可能需要进行有针对性的书面交流、个人会面,以及启动会、分析研讨会和/或验收研讨会等。

根据国家对森林景观恢复的兴趣和时间表,评估团队不妨偶尔向更广泛的相关群体发布进展。一旦评估完成,可以在国内和国际上发布和汇报评估结果。

本手册的最后部分提供了一些指导意见,以鼓励人们采用国家评估结果和建议。

表7

不同利益相关方群体的利益和潜在角色

利益相关方 类别	利益相关方 群体	相关的利益	FLR评估中的潜在参与方式
主要(直接) 利益相关方	本地土地使用者	他们一直在使用退化土地，不过这些土地正打算被恢复。 他们将是恢复该退化土地的深入参与者，也是恢复工作的直接受益者。包括以下不同群体：耕种者、牧民、妇女、青年、贫/富农、大农场主/小农等	应确定并邀请利益方代表们参加有关的研讨会，并在评估过程中定期征求其意见，保证其参与。有必要时可以开展针对他们的专题调查，以确保意见能得到充分反映
	本地土地所有者	他们大多是传统首领或地方当局。他们有义务确保土地利用的可持续性。他们在评估过程中的作用是代表土地的习惯或法定所有者，并确保他们作为土地所有者了解森林景观恢复方案对他们的影响。需要注意的是在某些国家，土地所有权可能不明确	评估团队应花精力调查退化区域中是否有明确的公共和私人土地所有者，如果有，应邀请他们参加相关的研讨会。与土地利用者一样，在整个评估过程中需要努力与这些土地所有者进行沟通并让其参与
	下游社区	集水区下游社区和企业十分关心如何管理他们的水源区土地，因为土地管理很可能会影响他们下游的水质和水量	可邀请其代表参加相关的研讨会和/或社区级别的森林景观恢复评估结果报告会
次要(间接) 利益相关方	政府机构	国家和各政府机构，包括林业、农业/农村发展、环境、水资源管理、土地管理、土地登记等	关键机构应密切参与，甚至可以作为评估团队代表出席。当有重要决策时，需咨询并邀请他们审查结果。当然也可以邀请其他机构参加相关研讨会
利益群体	国内专家	具有特定知识背景的专家，例如了解国家和地方地理环境条件、了解合适的恢复技术手段和成本效益等知识	应找到这些专家并邀请他们参与到评估中，特别是帮助解决数据缺失问题
	国内民间组织	对自然、环境保护和农村发展感兴趣的民间组织	应邀请代表参加启动和/或成果研讨会，并向其定期通报评估进展和结果
	国际组织	对自然保护、减缓气候变化等有兴趣的国际组织	应邀请代表参加启动和成果研讨会，并向其定期通报评估进展和结果

组织启动会

评估团队应该尽可能地组织一次启动研讨会。这可以让关键利益相关方了解森林景观恢复的潜力,激励他们对森林景观恢复的兴趣。这对提升本地利益相关方的归属感和支持度至关重要。根据评估的规模,研讨会可以在国家或地方层面上开展。

启动会参与者应含政府部门和相关机构的代表,以及非政府组织、研究机构和企业的技术专家。还包括评估过程中和(或)任何后续跟进措施中的关键利益相关方,例如在评估区域内的社区代表和基层工作人员。

启动研讨会的目标如下:

*   评估该地区的森林景观恢复潜力;

*   分享该地区现有的森林景观恢复活动;

*   介绍评估团队制订的策略和计划;

*   征询各方对上述计划的反馈意见;

*   讨论在该地区进行森林景观恢复制度化的途径;

*   探索如何将森林景观恢复的潜力纳入国家REDD+战略。

"准备和策划"阶段总结

表8汇总了筹备森林景观恢复评估所涉及的主要任务。

表8
筹备森林景观恢复评估过程中要考虑的参数和问题总结

关键指标	一些需要考虑的问题
定义评估区域中森林景观恢复的**问题和目标**	• 主要存在哪些土地利用问题? • 森林景观恢复能如何帮助解决这些问题? • 森林景观恢复如何利用诸如农村发展、粮食安全、自然资源管理和保护等国家政策贡献于景观恢复的目标?
保证关键**合作方**的参与	• 哪些机构更适合主导评估? • 哪些其他机构应该密切参与? • 评估团队需要哪些知识和技能? • 哪些国内专家应被纳入评估团队?
定义评估的**具体产出**	• 评估预期的最优成果是什么? • 在现有的时间和资源限制下,评估实际可以提供什么?
定义评估的**地域范围**	• 评估应在什么级别开展?(国家级或省级) • 在现有的资源下,这个规模是不是实际可行?
细分评估区域	• 评估区域不同部分的主要特征(就恢复相关特征而言)是什么? • 这种差异性背后的因素(环境、经济、社会)是什么? • 能根据评估区域的农业生态区进行细分该区域吗?
列出**潜在的FLR干预措施**初步清单	• 在此区域中有哪些景观恢复干预措施是存在的或可行的? • 还有哪些其他潜在的景观恢复措施类型?
明确与森林景观恢复评估有关的**标准和指标**	• 在与恢复相关的生态和社会经济因素中,我们感兴趣的有哪些? • 上述因素中有哪些可获得的地理空间数据? • 是否有其他可用的数据可作为替代性指标?

关键指标	一些需要考虑的问题
列出进行评估**所需数据**的初步清单,并汇总与该评估相关的所有**可用数据**的清单	• 在标准和指标已明确的前提下,需要哪些数据来评估森林景观恢复的潜力?或对森林景观恢复的潜在区域进行优先级别排序(如果这是目标成果)? • 哪些数据可用,在哪获取? • 相关数据的质量和规模是什么?数据规模对于评估范围来说是否合适? • 主要有哪些数据缺失?
明确评估团队的**能力**和核心团队之外的**潜在专家**	• 谁是森林景观恢复评估相关专业的专家,或者对评估区域退化问题的具体情况比较了解,并能协助评估团队?
明确需要让哪些**利益相关方**参与进来,以及参与的时机和方式	• 谁是该区域森林景观恢复的利益相关方? • 利益相关方参与评估的最佳方式和最佳时机是什么? • 哪些利益相关方需要随时了解进展情况及评估结果? • 最好的通报方式是什么(单独会面、研讨会、邮件还是书面形式等)?
启动研讨会	• 研讨会的预期目标是什么? • 邀请谁来参与研讨会能有助实现这一目标?

希望与我们分享您在准备和策划FLR评估的经验吗?欢迎您发邮件至gpflr@iucn.org,让我们了解您的成功经验。

阶段2：数据收集和分析

本章涵盖了ROAM的核心阶段，涉及数据的收集和分析。本章首先介绍数据的收集（实际上，信息和数据的收集持续贯穿于整个评估过程），然后简要说明六个相互独立的数据分析方法（见表9）。

本指南对这六个方法（或"工具"）的描述，主要是为了帮助读者思考和策划相关的工作。更多相关读物于2014年至2015年开发，来详细介绍如何去开展数据分析。

就数据收集和分析工作来说，不同国家采用的技术和程序各有千秋。大多数情况下，可以做到：

- 对初步确定的FLR干预措施清单进行筛选，制订一份优先措施清单；

- 进行森林景观恢复潜力的地理空间分析，包括一系列国家级景观恢复潜力图的制作；

- 结合森林景观恢复方案干预措施进行成本效益分析；

- 对碳汇潜力及其相关的联合效益（co-benefits）进行分析；

- 诊断评估区域是否具备成功开展森林景观恢复的关键因素（key success factors），明确现行法律、制度、政策、市场、社会和生态条件所带来的机遇与挑战，以及主要参与方的执行能力、资源状况及支持程度；

- 进行拟定的森林景观恢复项目融资分析。

尽管用ROAM能够完成上述所有分析，但还是要基于国家重点需求以及现有资源来选择应该进行哪些分析。ROAM的优势在于，可以先完成某个重点分析，在未来合适的时机开展次要分析，两者并不冲突。

表 9

ROAM评估法六大模块分析总结

模块/工具	目标	页码
利益相关方对景观恢复干预措施的优先级划分	• 实施和完善恢复干预措施优先级分析	58
恢复干预措施潜力图的制作	• 确定评估区域内具有景观恢复潜力的主要区域	68
	• 划分潜力区域等级(如:根据恢复类型划分为大规模、碎片化(马赛克式)、保护性恢复区;根据优先级划分为高、中、低优先级恢复区)	
	• 评估这些区域的最佳恢复措施(如:陡坡上的农林复合经营,林地自然更新)	
恢复干预措施的经济建模和价值评估	• 估算每项恢复措施的边际成本和效益(包括经济、固碳、生计、生物多样性等方面)	83
	• 评估关键变量(如:价格、利率以及生物学假设等)对成本效益的影响	
恢复干预措施的碳成本效益建模	• 从以下两个角度分别详细地去评估和分析固碳效益: ①已定的整套恢复措施 ②每个类型恢复措施	90
	• 根据恢复干预措施的类型,估算固定每吨二氧化碳的边际预期收益净值	
恢复干预措施中关键成功因素的诊断	• 评估国家(如果在省级级别上使用ROAM评估法的话,则考虑评估所属区域)关于景观恢复战略及项目开展的准备程度	94
	• 明确差距和不足(例如:在法律、制度及政策管理,或市场条件方面)	
	• 找出并分析能解决这些差距和弱点的潜在方法	
恢复干预措施融资分析	• 明确能用于支持国家级景观恢复战略或项目的资金及资源类型	98
	• 评估可适用于不同恢复干预措施类型的最佳融资方案	

在分析过程中，需谨记以下几点：

- 平衡专业知识及相关方的观点，包括农业、土地、森林、水、经济发展、能源及性别等领域。

- 在取得最佳数据分析结果时，牢记最终使用者的需求。定期评估分析的进展和初步结果是否和国家优先战略相关。

- 确保每位参与分析的人员完全了解流程，并清楚所求数据分析结果类型。

- 确保整个分析过程逻辑清晰、科学严谨。

- 在分享结果时，确保对所用的分析技术以及任何主观假设保证公开透明（例如：不同标准在分析中的权重以及设定的阈值水平）。

在数据收集和分析阶段，评估团队对以下内容的修订也非常重要：①评估准则（见42页）；②初步恢复方案（见38页）。这样做的原因是，在数据收集、地理空间和经济分析阶段中的结论，会经常与评估团队在准备阶段中做的初始假设产生矛盾。比如，地理空间分析推导出的干预措施不可行，因为这一措施会导致农地竞争；或者土壤可蚀性是无用的评估标准，因为没有相关数据。

希望与我们分享您在准备和策划FLR评估的经验吗？欢迎您发邮件至gpflr@iucn.org，让我们了解您的成功经验。

利益相关方对景观恢复干预措施的优先级划分

数据收集和分析听起来似乎是一项非常直截了当的技术性工作。其实不然，它既要求利益相关方能主动地参与分析，还需要他们定期回顾完善前期的基本假设。这样的工作方式非常必要，因为在评估过程中经常会遇到重要信息缺失、信息过时，以及对土地退化、土地利用动态和现行政策的错误解读。

在这方面，西非国家几内亚的经验是一个很好的例子。政府工作人员和生态保护者普遍认为，稀树草原上的密林斑块是在20世纪早中期由于土地利用不当而消失的广阔森林的最后残存。确实，如果有人在20世纪80年代考虑对这片区域进行森林景观恢复，那么得到的结论无外乎先实施保护避免人为干扰，然后以这些所谓的"残存遗迹"为中心不断向外扩展保护范围。但实际上，正如《误读非洲景观》(Fairhead and Leach, 1996) 这本著作中所阐明的那样，这种保护措施其实是不对的。那片被官方认为的"原始森林遗迹"，其实是当地社区种植的岛屿状林地。事实上，这些区域是森林景观恢复理念的充分体现：与其限制社区的活动，不如将政策更好地用于鼓励和建立这种社区主动参与景观恢复的活动中去。

因此，ROAM的分析阶段提供了一个快速且独特的方案，去重新审视对土地利用变化既定认识。地理空间分析很好地捕捉到某个时间点上整个景观中的土地利用现状，但是为了将这一理解带入到更广泛的森林景观恢复方案中，我们就需要让当地的利益相关者和不同的政府机构参与到分析过程中。理想情况是能将这些不同的观点融合在一起，以数据分析初步结果的方式总结他们的意见。所以按地区或按主题进行的系列分析研讨会是该阶段的重要组成部分。

分析研讨会的目的应该是确保众多利益相关者的参与，并让他们对地理空间分析和区域功能图的阶段性结果提出反馈意见。分析研讨会还提供了进一步改进森林景观恢复措施及其潜在影响分析的机会。利益相关方提出的问题可以以专题研究的形式请专家跟进，例如各个景观恢复干预措施的详细成本效益分析，以及不同恢复方案的固碳潜力分析。

应该基于分析研讨会的目标确定最佳参与人数及其组成，需要兼顾好专业技术者与利益相关者的配比（特别要避免林业专业工作者过多），以及性别平衡。可能的参与人员包括：

- 林业部门工作人员（决策者和技术人员）；

- 土地部门代表；

- 农业部门代表；

- 地方政府官员；

- 当地负责人/领导者；

- 农民；

- 林业公司（商业性和社区性的）；

- 土地所有者和土地或者自然资源传统使用者；

- 森林使用者（木炭生产商、经济林产品获取者、木材销售者等）；

- 非政府组织代表；

- 研究人员；

- 少数民族原住民（如果该区域有的话）。

一份评估底图非常有利于吸引利益相关者参与讨论。图上标明了最新且最可靠的与FLR相关的地理信息。在数据丰富的国家，可能会有现成的评估底图，团队只需要以适当的形式呈现此图即可（大海报的形式最佳）。

如果该国没有这样的评估底图，团队可能需要自己制作。图10是加纳森林景观恢复评估的底图。

好的底图取决于评估区域的特征。这里有几点需要考虑：

- 应尽量打印成**桌面大小**的海报，以适当的分辨率显示评估区域。

- 应标有**比例尺**，以便于确定每块土地的尺寸。

- 应具有符合评估需要的**特征**。一般来说，地图应以土地覆盖类型、森林覆盖率和河道为背景，显示人口密集点和基础设施。其他地形特征如果重要也应包括在内，例如山脉等。

- 地图要**足够精确并反映当前情况**，从而让参与者能够对目前评估区域的土地利用形成准确的意见。

图10
运用ROAM评估法制作的加纳森林景观恢复评估底图

这张预存的地图，显示加纳目前的森林覆盖情况，被用作加纳森林景观恢复评估的起点。参与分析研讨会的人员分小组合作，集中关注该国的不同区域，直接在这张海报大小的底图上划分和绘制恢复潜力区。

0   100公里

分析阶段的精确性取决于是否拥有一套明确定义的标准，以利于评估恢复需求、恢复用地的可用性及地理范围、适当的干预措施类型和潜力、适当恢复方案的成本与效益以及关键成功因素。之前评估团队已经开展了这项活动（见38~45页），所以利益相关方应该重新审视这些标准，并讨论是否增加和改变部分内容。完善评估标准及指标一般与完善恢复措施同步进行（见下文）。专栏5提供了一个可行的示例。

专栏5
完善评估标准：以卢旺达为例

在卢旺达的评估中，初步拟定了几项与森林防护功能有关的标准，包括上游流域的保护、沟壑及沟壑的形成、河岸带、湿地、泥沙淤积以及水质。在评估的初期，评估团队与不同的利益相关者一起讨论确定了潜在的评估指标和初步的干预措施范例。然而在收集数据并进行分析时发现，土地压力和经济约束明显限制了初定的干预措施，使其不能成为重要措施。此外，在获取各类场景下预期成本和相关收益的数据时，还遇到了一些实际挑战。

在优化过程中，团队重新审视退化问题并简化评估方法，从而解决了这些挑战。每个场景（河岸带、沟壑、山顶和山脊）的共同点是：①主要效益均为水土保持；②任何干预措施只能在不和现有用地产生激烈冲突的边角地开展；③通过营造本地树种混交林，而不是单一外来树种的人工林来强化水土保持功能。

评估团队随后把评估标准简化为防护林功能当中的一项，并为标准（用于GIS分析）加入具体和独立的参数，例如：大于55%的陡坡、主河道20米宽的缓冲带等。同时，把五个土地用途/潜在干预措施的宽泛分类，合并归一为护林类。

现在，基于先前拟定的景观恢复干预措施初步清单（见38页），评估团队就可以与其他利益相关方及专家一起，进一步改善在准备阶段拟定的恢复方案了。

经过分析阶段的反复改进,并根据利益相关方对地理空间和经济分析结果的反馈,卢旺达的森林景观恢复候选干预措施的数量最终从21个(如表3)减少至8个(如表10)。例如,如表3所示,唯一与片林相关的干预措施是改善小型片林管理。随后的GIS分析证实,这是最大的单项收益来源。而且,因当时的土地利用压力,可以用于建立新的片林(少数例外)或种植林的土地非常少,因此,改善片林管理成为最初被列入"生物能源片林"和"工业用材林"两大类的8个恢复措施中最可靠的干预措施。这并不意味着同属于这一类的其他干预措施是无关紧要的。只是结合当地情况来看,很难想象其他景观恢复措施能够被大规模应用。

表10

卢旺达评估中最合适的森林景观恢复方案选择
(FLR options)的修订清单

这8项森林景观恢复措施是从最初的21项措施中筛选出来的,见表3(第40页)。

干预措施类型/土地用途	森林景观恢复首选措施
农林复合	发展平原农林复合经营
	发展坡地农林复合经营
	发展牧场农林复合经营:经农民管理的林地自然更新
改善片林及用材林种植管理	改善对现有薪材或建筑用材的片林的管理
	改善对现有工业用材林的管理(松树)
天然林	恢复保护区及周边天然林
防护林	在陡坡上恢复或建立防护林(斜坡率20%~55%)
	在非常陡峭的坡地上恢复或建立防护林(斜坡率>55%)

表11是应用ROAM评估法评估加纳时经过改进后的结果。应该指出的是,这个案例列出的恢复干预措施太过宽泛,致使无法对每一个措施都进行严密的分析。随后,经过经验总结,最终提议将具体措施限制在5~15个。

表 11
加纳评估中最合适的森林景观恢复方案选择(FLR options)的修订清单

土地用途	分类	具体的恢复干预措施	方案说明
林地 适用于大规模土地恢复	1.人工林	营造外来树种人工林	主要为柚木人工林。由于气候和土壤生产力的差异,研讨会上总结出其年均增量的差异。轮伐期为20年
		营造薪碳林	轮伐期8年后,萌生再生长。研讨会参与者提出在气候湿润、土壤肥沃的区域薪材生长率更高
		营造本土树种人工林	种植象牙海岸榄仁以及具有经济价值的楝科植物。加纳北部地区可以种植酸豆或其他本地树种
	2.自然更新	播种造林	整地,播种造林,以连接破碎化的森林斑块。可以增加防火措施,提高成功率,但是会增加成本
		防止过度放牧	通过社区管理手段控制放牧,也可在森林保护区增设巡护
		抑制杂草	选择性管理杂草有利于目标树种的自然更新,并限制杂草对树种的干扰
		预防山火	杜绝原本本地火灾,促进自然更新
	3.森林培育	预防森林火灾	预防已退化林地发生火灾
		播种造林	运用播种造林技术重新连接退化次生林中的破碎斑块
		补植	运用造林补植技术将退化森林中的破碎斑块连接起来
		限制放牧	结合造林技术,与社区合作限制放牧
农耕地 适用于碎片化(马赛克式)恢复	4.农林复合	间作粮食作物	每公顷大约种植50~150棵豆科乔木
		间作可可树	与具有经济价值的遮阴树种间作
		建立林木复合系统	在牧场或林地/牧料种植林中种植并管理豆科乔木或高蛋白乔木
	5.改善休耕地	等高线管理	休耕期间,为了提高土壤稳定性及防治土壤侵蚀,沿坡地等高线保留成排的豆科植物及其他木本树种
		提高休耕地土壤肥力	通过低密度种植豆科乔木和/或选择自然生长的有益树木来改善耕地土壤
		控制火灾	积极预防休耕区火灾,为土壤有机质形成营造最佳条件
保护地及缓冲区 适用于红树林恢复,流域保护以及冲蚀防治	6.恢复红树林,保护水流域以及冲蚀防治	改进对退化海岸线的管理	利用社区管理以预防海岸线进一步退化,并促进其再生
		恢复海岸线	使用直接种植法恢复退化的海岸线以及红树林系统

数据收集

到这个阶段,评估团队已经列出需要的数据类型清单,以及切实可得的数据列表。

在第一次分析研讨会之前,应该尽可能收集更多的相关数据。会上的讨论会产生大量辅助数据、信息和观点。基于以上新数据,评估团队需要预留足够的时间优化评估结果。

表12为评估时可能需要考虑的一些数据。

表 12
与ROAM评估法应用潜在相关的数据集

议题	可能相关的数据
自然和生态方面	地质情况, 土壤条件, 降雨量, 坡度, 当前土地覆盖类型, 历史土地覆盖类型, 土地退化情况, 洪水风险区, 退化林地, 防火能力, 生物多样性热点区, 濒危物种分布范围, 保护区, 水质, 受威胁物种丰富度, 林分密度, 濒危生态系统 (红色名录), 农作物产量数据, 木材生长数据
社会和经济方面	当前土地利用类型, 农业种植园, 林场, 矿场, 禁区, 社区保护地, 经认证的林场, 土地所有权, 人口密度, 森林区域人口变化, 贫困程度, 社区管理林, 性别区分管理, 保护区有效性, 风水林, 少数民族, 不同景观恢复措施的经济成本, 社区林业企业盈利能力, 农林业生产力提高, 相关产品和服务的市场价值, 各恢复干预措施管理实践
政策、法律和制度方面	国家气候变化减缓和适应战略, 自然保护政策, 恢复政策, 林业发展政策, 农业发展政策, 法定和传统的土地资源权, 主要基础设施项目, 发展走廊, 现有的主要景观恢复项目

搜集相关数据

可通过三种途径搜集用于评估工作的相关数据:

- **直接从专家和利益相关方收集数据。**通过研讨会、采访或其他会议的形式,从熟悉评估区域的相关方获取知识和观点。

- **利用现有数据资源。**要求技术机构、统计局和研究机构提供现有数据;搜索网络,咨询专业图书馆和数据资源,搜集有关地图和其他辅助数据。

- **开展专题信息收集工作。**必要时,可开展新的信息收集,例如通过问卷调查,解析卫星图片和新的计算来填补数据空白,核实现有数据或更新过时数据。

在搜集地理空间数据时,要着眼于那些在适合评估尺度的可获得的数据。

利益相关方问卷调查

问卷调查是用于收集基础数据的有力工具。在加纳的国家森林景观恢复评估工作中,问卷调查被用于收集有关恢复项目的初始投资和维护成本信息,并取得了不错的结果。评估团队给近期开展过景观恢复项目的土地所有者和管理者发放了约30份问卷,收集到了有关各项恢复措施的具体实施细节以及每公顷土地的单位成本信息。这种方法相比较研讨会所收集得到的信息更为细致。

现有地图

现有地图(最新且可靠的)是评估过程中最为宝贵的数据来源。在墨西哥,评估团队为了获取与评估标准相关的数字地图,与林业委员会和保护区委员会等国家机构开展了多次技术会议。这些机构的官员们提供了电子版地图、背景文件和元数据。官员们还就如何处理这些信息提供了重要的说明和建议。评估团队因此获得了许多地图和数据集,例如森林分区、森林经济压力、植物生长的土壤条件、抗火抗灾能力以及潜在的土地利用。这些地图大多是1:25万比例尺地图,足以用于国家级评估工作。

科学文献

科学文献是不同树种生长率以及恢复干预措施等数据的重要来源,尤其在当地树木的生长量及产量信息缺失的情况下。在联合国粮农组织(FAO)的全球人工林专题研究(FAO, 2006)中包含几个表格,就提供了不同气候带中,数十种常见树木的年平均增长值。

专题地图

当现有地图不足以满足评估需要时,可委托制作新地图。加纳现有的土地信息已经过时,因为自2000年以来,许多土地利用情况已发生改变。因此,评估团队与一所大学签订协议,利用陆地卫星7号拍摄的图像制作新图。最后制作了3张60米地面分辨率的地图,分别代表了2000年、2005年和2010年的土地利用情况。利用这些新地图,评估团队根据区域大小选择了1:20万至1:60万的比例尺,制作了一系列"桌面尺寸"的衍生地图,以便在分析研讨会上使用。

运用数据审查关键恢复措施

在准备阶段,评估团队便拟定了一份森林景观恢复措施初步清单。虽然看起来相对简单,但它是决定评估工作成功与否的关键步骤之一。其中最大的风险在于仅仅因为"习惯使然"去假定这些恢复干预措施是最适合的解决方案。因此进行这一步务必保持开放的态度。随着新数据和新分析不断涌现,很多长期存在的假设必然会受到挑战。

使用ROAM的好处之一,便是它有机会让我们去重新审视那些在过去已经或现在将要失败的、或者仅部分成功的恢复措施。例如,如果经过数十年努力,国家植树日仍收效甚微,那么就应该去弄清楚为什么会这样。总而言之,最终的FLR干预措施要经得住审查,以证明这些措施是国家或次国家级的景观恢复策略中最具潜力的方案。

请记住,本项工作目标是在研讨会前收集尽可能多的当地森林景观恢复可用方案(FLR options)的数据,即便只是初步数据或粗略量级数据。随后,研讨会的参与者便可以帮助优化或完善这些数据,同时参考一些相对成功的案例(正在进行或已结束的恢复措施工作),将其用于分析。评估最终结果是制订一份有限的FLR干预措施清单,严格评估后用于国家层面的实施。这些措施要以充足的技术细节和量化分析作为支撑,以便开展可靠的估算,明确受益区域大小以及成本效益情况。根据经验,清单中应该有5~15个技术类型或地理范围存在差异的干预措施:太少会导致分析变得太笼统,太多则不一定能够对其相关参数进行可靠评估,除非大大提高评估成本。关于如何最终确定森林景观恢复方案清单详见61页。

运用数据估算恢复措施的成本及效益

　　对森林景观恢复潜力进行国家级评估的关键在于对每种FLR干预措施开展成本效益分析(见83~89页)。这将需要收集与价值相关的数据,如投入成本的价格(例如:幼苗、土地、劳动力、运输和设备)和产出收益的价格(例如:农作物、木材和薪材以及恢复的生态系统提供的特定服务)。木材生长率数据同样有助于估算木材产量及碳汇的潜力,如年平均生长量。

　　如果可能的话,还应根据评估初期设定的森林景观恢复长期目标,尽可能地收集与产出相关的经济效益数据。例如:如果目标之一与水域恢复有关,则评估团队应设法分析景观恢复措施对于维持径流的贡献、水资源的使用情况以及主要受益人。

　　没有硬性的规定必须要收集哪些成本效益数据,但以下数据通常非常有用:

- 一定时间内每公顷林木生物量的总增长量。应通过文献和问卷中的数据予以佐证,并根据规定时间内的预期收获水平来调整估算值。

- 利用合适的IPCC转换因子,估算树木增长量所对应的碳吸收量。

- 估算预定时间段内每公顷非木材林产品的价值。优先使用本地数值,否则可做假设。

- 预定时间段内农林业的作物增产量和肥料成本减少量。例如,评估加纳时,由于改善了土壤侵蚀的管理手段,预期农作物增产量就可以用避免的损失来估算。

- 预定时间段内间作模式变化所产生的影响,比如可可树由露天生长转变为遮阴生长。如果这种变化影响较为重要,应该存于本地数据,可用于其成本效益分析。

- 预定时间段内恢复红树林的影响,比如渔获量增加及建筑材料供应量增加的综合影响。在红树林比较重要的地方,应该存于本地数据。

　　如果可能,最好把项目的费用/投入来源按公有资源和私有资源分开,并且区分收益的主要去向是社会还是个人。这样做的原因是,有助于后期确定可行的投资方案,例如,要避免投入产出的相关方不一致,比如说全社会受益,而大部分投入(资金、劳动力)却来自当地或个人。

景观恢复潜力图的制作

景观恢复潜力图的制作是评估过程的关键。涉及对已经获取的地理空间数据和其他信息(如统计数据和技术报告等)进行地图化的整理。

评估团队可根据获得的数据量和数据类型选择最适合的制图方法。如果可获取大量的GIS数据,评估团队就可以用"数字图谱法"去完成大部分的地理空间分析。相反,如果可用的GIS数据有限,评估团队则需要使用"知识图谱法"。数字图谱法即是常用的GIS技术。通过开发数字信息模块和算法,测试确定可实施FLR措施的地理位置,并且通过地图形式可视化出来。例如,可获得"坡度大于5%,现在为农业用地,可种植农林地树种的地区"。而知识图谱,顾名思义,是指梳理当地的森林景观恢复相关信息,采用群策法,让利益相关者将相关知识(和争论点)呈现在底图中。一旦利益相关者一致认为其很好地表达了他们的集体思想,就可以将其数字化并用于进一步分析了。

两种方法都有各自的优缺点。如果需要生态环境数据表明某个恢复措施可行,那么采用数字图谱会十分精确,但有可能忽略当地实际情况;而利用知识图谱可获取大量未正式记录的本地数据和技术数据。当然,在精准预测景观层面的地理条件限制时,知识图谱就有点粗糙了。因此,评估团队可能倾向于综合使用这两种方法。如图11所示。

在墨西哥、加纳和卢旺达案例中,根据这几个国家数据的可获得性,分别采取了不同的地理空间分析方法:

- 在**加纳**,由于可用的地理空间数据有限,因此重点采用了知识图谱法。而该地区森林景观恢复潜力在很大程度上取决于评估团队的专业知识和判断,以及来自当地社区、地方政府和技术机构专家的意见(通常来自分析研讨会)。

- 在**墨西哥**,以数字图谱为主。因为该地区的GIS地图及数据可用性较高,所以可根据已有的数据集,来判定森林景观恢复潜力并确定优先次序。

- 在**卢旺达**,采用的是综合法。虽然该地区有良好的GIS地图和数据,但根据分析的要求,需要结合专家意见和判断来测试不同的方案,从而确定在该国最可行的景观恢复潜力区域。

知识图谱法和数字图谱法会在接下来单独介绍。但是正如之前所强调的,综合使用效果最好,而且极少有评估是完全基于知识图谱或数字图谱法的。即使在GIS信息可用性高的情况下,也经常需要专家和利益相关者补充修改现有数据中的缺陷和弱点。

图 11
根据数据可用性决定分析方法

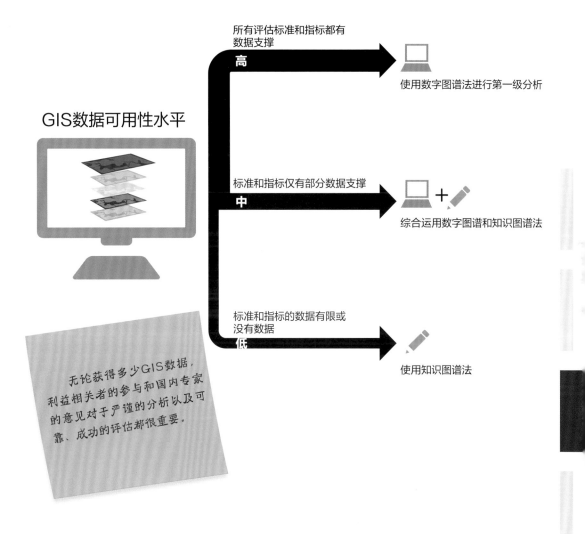

运用知识图谱法进行空间分析

　　运用知识图谱法做空间分析需要进行一次或多次分析研讨会。在此期间，评估团队和其他参与者需要手动制作地区评估图（通常是次国家/地区级别的）。实际上，研讨会还是一个难得的机会，可以考虑、测试和审视其他非地理空间性分析对最终区域图的影响，例如对不同类型恢复措施的成本和效益进行评估。

知识图谱分析的六个基本步骤：

1. 在地图上将分析区域通过土地利用类型和现存问题勾勒出不同的多边形；

2. 就恢复潜力的本质达成一致，即恢复的需求和目标，并考虑在评估区域内的合适性和可行性；

3. 评估每个多边形框内可实施的干预措施；

4. 评估将这些措施组合实施的可行性；

5. 审视和修订恢复方案；

6. 利用结果进行数字化制图。

筹备知识图谱的分析研讨会

　在研讨会之前，评估团队应准备以下材料，使得每个工作组都具有相同工具：

- 一张桌面大小的底图（见图10示例）。可以是专门为评估工作准备的地图（如退化区域），也可以是从谷歌地球(Google Earth)上获取的地图。

- 用于估算区域面积的缩放比例尺。

- 制定一个标准清单，用于划定不同的多边形，以显示不同干预措施类型（见下文讨论和表13）。

- 多边形区域说明表（见第75页表14的示例）。

- 补充信息（例如：专题地图、统计数据和报告等）。

　开展围绕知识图谱法分析研讨会（次国家级）可能需要1~2天，前后一天半时间足够完成分析任务。

表 13

用于设计各类干预措施多边形区域划分的指导性标准(以加纳为例)

土地类型	多边形区域的标准	干预措施分配规则
1. **不适合恢复或无法恢复**的土地	至少有75%的区域不适合恢复或不能恢复	无干预措施
2. **适合红树林恢复**的沿海地区	无,因为无论多小,均可以恢复	只涉及恢复和重建红树林的干预措施
3. **适合大规模恢复**的土地	最小面积为1,000公顷	只涉及符合大规模恢复策略的干预措施。通常每个多边形区域只用一种干预措施
4. **适合碎片化(马赛克式)恢复**的土地	最小面积为40,000公顷	所有干预措施都可用包括不干预。恢复机会为多边形面积的占比。未表明多边形内的各干预措施的实施位置

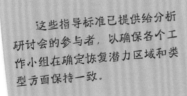

这些指导标准已提供给分析研讨会的参与者,以确保各个工作小组在确定恢复潜力区域和类型方面保持一致。

划分多边形区域

　　这一步的目的是让参与研讨会的各个小组利用集体知识来确定具有潜在恢复机会的特定区域。理想情况下,工作组应包含自不同部门(农业、林业、生物多样性、能源、基础设施)的代表。每个小组负责不同的次国家级地区(比如省或区),将桌面大小的工作底图划分为多边形区域,保证每个多边形区域划分的标准一致。之后,各小组描述可用于多边形区域的恢复干预措施。

在工作小组划分出多边形区域时,主持人应鼓励小组成员从实际出发,考虑哪些恢复措施适用于此多边形区域。

各工作组应按照以下顺序开展工作:

- 首先,划定**不需要、不适合或不可用于恢复**的地区,例如:原始自然区域、市区、道路走廊、密集型农田等。

- 其次,划定具有恢复潜力的**保护功能性**地区,特别是那些法律明文规定的保护地。这可能包括陡峭的土地、水体缓冲区或海岸带,以及旨在保护水域、恢复红树林和防治土壤侵蚀的地区。

- 第三,划定有机会进行**大规模恢复**的地区,比如:以造林重建或生态恢复的方式将土地恢复到更大片连贯的森林。这些通常可以识别为林地。

- 第四,划定适用于**碎片化(马赛克式)恢复**的土地。一般结合其他土地利用类型进行景观恢复,尤其是农业用地。

主持人应强调避免在整个工作底图上划满多边形区域。虽然这项工作的目的是结合当地信息和专业知识,但是只有对当前土地利用方式和恢复需求达成一致意见的情况下,才应划定多边形区域。未划分的区域一般默认为不需要恢复或无法恢复。

工作图上的每个多边形区域需要轮廓清晰、界限分明,且只属于上述类别之一(即:大规模恢复土地、镶嵌式恢复土地或保护功能性土地)。图12显示了评估区域的部分示例图,其中手绘多边形区域表示不同恢复措施类型。

这是使用知识图谱法得到的初步结果——首次尝试确定和绘制一个国家某地区的恢复潜力图。分析人员以小组形式确定并大致定位出关键的恢复潜力区,并为各机会区编制唯一的标识码。一旦这种方式评估了整个区域,就开始执行将地图数字化(即把这些恢复潜力区放入地理信息系统地图中),以供进一步审查和验证。

图12
部分评估区域的手绘多边形示例图

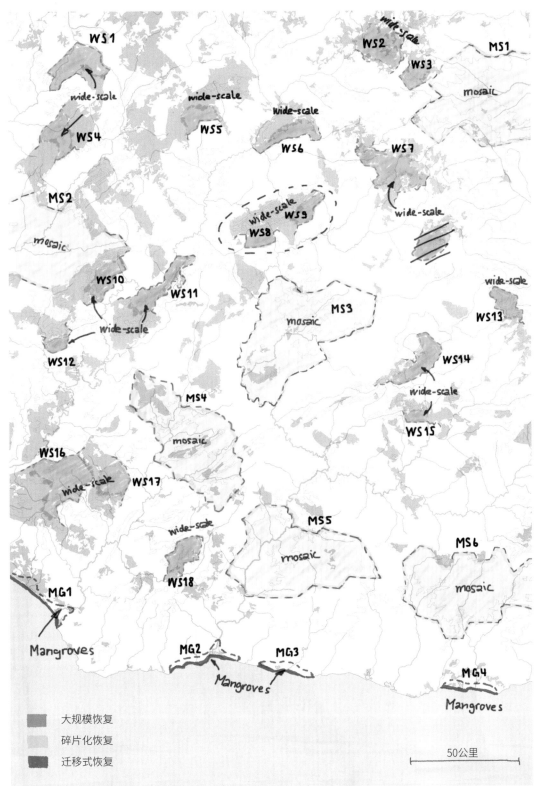

WS1

wide-scale

WS4

WS5

wide-scale

WS6

wide-scale

WS2

wide-scale

WS3

MS1

mosaic

WS7

wide-scale

MS2

mosaic

wide-scale   WS9

WS8

WS10

WS11

wide-scale

WS12

MS3

mosaic

wide-scale

WS13

WS14

wide-scale

WS15

MS4

mosaic

WS16

wide-scale   WS17

MS5

mosaic

MS6

mosaic

wide-scale

WS18

MG1

Mangroves

MG2

MG3

Mangroves

MG4

Mangroves

大规模恢复
碎片化恢复
迁移式恢复

50公里

确定恢复措施

接下来,研讨会主持人指导每个工作组填写一份描述信息表,记录多边形区域信息,包括多边形的大致尺寸(可以从地图上估算),以及其中可实施干预措施的范围。再次重申,无需为多边形区域内的每公顷土地指定恢复措施,一个区域可进行森林景观恢复的土地面积是有限的(例如:3%用于保护性修复,5%用于重新植树造林,10%进行森林经营,22%用于农林复合,剩下60%可能仅仅保持原样)。

工作小组需要为各多边形区域编制唯一标识码,并将其放在区域统计表和相对应的区域地图上,使之一一对应。注意区域统计表的左侧可以填写初始值,而右侧则用于记录在后期评估过程中对评估结果的所有更改。

表14为初期阶段的一份完整的多边形区域示例表。

审查和修订结果

评估团队在分配完恢复干预措施工作后,应拍摄记录多边形区域地图,并将多边形区域记录表中的信息输入到特定格式的Excel电子表中,汇总基本结果。包括区域总面积、成本和效益。若分析研讨会为期两天,汇总工作在第一天晚上完成即可。

然后,评估团队可以向参与者介绍这些初步结果。全体会议讨论后,如有必要,参与者便回到各小组,进一步完善多边形(例如,是否适于大规模恢复土地、碎片化恢复土地或保护功能性土地,或不适于/无法进行恢复),确认碎片化(马赛克式)恢复区域的恢复干预措施组合是否合适。这可能涉及对多边形区域图的修改(例如,将某些原本评定为大规模恢复的区域修改为碎片化恢复区域),以及区域记录表的修改(平衡调整不同恢复措施类型)。评估团队收集小组修订后的结果,形成电子表格,作为知识图谱法的最终结果。

优化并数字化评估结果

评估团队完成知识图谱后,需要最终确定结果,并在GIS软件中矢量化多边形区域图,以生成整个评估区域的数字版区域图。

首先,小组将多边形区域形状复制到GIS地图中,并对其适当调整,使它们能够反映出工作组的意图及景观特征。这涉及用高精度等高线图修正研讨会上手绘图的结果。评估团队还需把以下类型区域从多边形区域图中删除:

• 因土地利用原因无法恢复的区域,例如村庄和道路走廊,不过可以在其周围设置缓冲区;

• 因地形原因无法恢复的区域,即极度陡峭的山坡(如果坡地数据较全)。

如果有足够的数据,评估团队可进行其他类似的调整。然后,使用GIS测量每个多边形区域的面积,并把各多边形区域的有效属性数据(例如特定干预措施潜力)添加到GIS中。

最终结果将包含整个评估区域图和一系列图表(如图13所示)。

对于多边形图 (图12) 中标记的每个区域,都需要完成一份多边形区域信息记录表,以详细记载初始方案和经过进一步讨论反馈后的更改.

表14
完整的多边形区域记录示例表

地区: 西南		多边形区域码: SW16 MS2	

多边形区域总面积预估值(公顷):375,000

	第一天:拟定的干预措施组合		第二天:修改后的干预措施组合
森林景观恢复 干预措施类型	名称	面积比例	面积比例
4	农林复合	30%	50%
5	休耕	30%	20%
不适用恢复/无法恢复 (例如:城镇、村庄、裸露的岩石、严格保护的野生动物保护区、未退化的森林地区等)		40%	30%
共计		100%	100%

图13

知识图谱分析的量化结果示例：
加纳不同FLR措施的恢复潜力区(公顷)

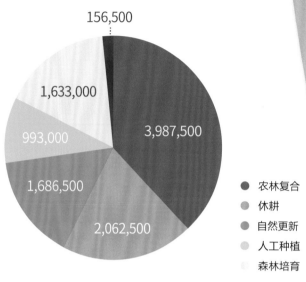

应用知识图谱法进行地理空间分析
可得到具有参考价值的结果，比如已定
的不同恢复方案的潜力区记录。下图就
显示出：关于如何恢复农耕地（通过农
林复合和休耕方式）使其占总恢复潜力
区域50%以上。

- 农林复合
- 休耕
- 自然更新
- 人工种植
- 森林培育

运用数字图谱法进行空间分析

数字图谱法是使用GIS数据集，通过地理空间分析法来确定恢复区域的优先次序。需要根据预期评估结果以及早期确定的标准和指标来选择GIS数据(主要是GIS地图和相关元数据)。

确定优先恢复的区域主要包括了六个步骤，如表15所示。例如，在评估墨西哥时，小组便采用7个主要的数字数据集以及利益相关者的意见来开发优先排序系统(见专栏6)。表16是墨西哥评估工作中的分类加权系统。图14则显示了墨西哥评估，不同数据集是如何为最终的优先级排序提供分层信息。

受墨西哥的启发，评估危地马拉景观恢复潜力时采用了相似的数字图谱法进行地理空间分析。在危地马拉评估中绘制的地图(如图15所示)确定了8种恢复潜力类型：①河岸森林；②红树林区；③保护林；④生产用林；⑤乔木与多年生作物间作的农林复合经营；⑥乔木与一年生作物间作的农林复合经营；⑦林牧区；⑧保护区。

除了恢复潜力图外，数字图谱法还可产生其他分析结果，以饼状图、条形图、数据表等形式呈现。

表15
运用数字图谱法进行空间分析

步骤	操作	目标	详细说明	更多资料
第1步	确定待开发的景观恢复潜力	设定地理空间数据的收集和分析范围	反复确定和完善景观恢复方案清单	关于确认和完善潜在恢复方案的指南,见第31~41页和第61~63页
第2步	确定数据层以便量化已存在的景观恢复潜力区	基于景观恢复方案选择相关数据集	制作所需数据集的清单,并验证数据有效性	墨西哥评估过程中选用的数字数据集见表6
第3步	收集GIS数据集	获取与商定后的评估标准相对应的数据集	获取GIS地图和相关元数据	更多有关获取相关数据和地图的指导,请参见第65页
第4步	对GIS数据集按照景观恢复优先级进行再分类	建立分类系统,去除景观恢复优先次序最低的土地,并将剩余土地按恢复优先级划分为高、中、低优先级	重新分类各数据集,以反映恢复优先次序。将数据划分为高、中和低三个优先级类别(根据评估标准)并应用积分系统。应用加权系统可凸显特定标准的重要性	如何重新分类两个数据集以及墨西哥评估中所用的加权系统参见表16
第5步	合并所有数据集	根据各数据层分析得到最终地图	各数据集的评估权重在地图上汇总组合组成。最终的优先级类别评分结果应有系统化说明。可提取其他文档和数据库的数据,以地图层形式添加到分析过程中。以墨西哥为例,这些附加的图层包括该国所有保护区的位置、生物多样性丰富的区域位置以及以土地所有制的地图化信息	图14展示了墨西哥评估中的3个数据集如何为最终地图提供优先级信息
第6步	根据干预措施类型,应用算法确定具体恢复潜力区	评估不同恢复干预措施潜在范围和区域	该评估过程包括设计算法或规则,确定最佳景观恢复措施,然后利用已有的组合地理空间数据集进行区域估算,并确定景观恢复潜力的关键地理位置	图22是卢旺达某地区的示例

专栏 6
数字图谱法(国家级):以墨西哥为例

墨西哥的评估主要包括结合和应用一套已商定的环境、经济和社会标准(每项标准均按其重要性进行加权),从而构建能够确定森林恢复优先区域的地理分析模型。墨西哥的可得数据比较丰富,因此评估使用了以下类型的数据图层:

- 林业分区(比例1:250,000):适用开展林业但目前处于其他用途的土地,或正在退化(由火灾、虫害等引起)的土地,同时标识出有侵蚀风险的土地;
- 经济压力指数(比例1:250,000):根据社会经济数据得出的毁林风险;
- 土地利用潜力(比例1:100,000):适于林业用地的经济潜力;
- 土壤性质(比例1:250,000):土壤的形态、物理和化学特征,包括土地利用限制因素;
- 植被保护情况(比例1:250,000):根据保护或改造水平对植被进行分类;
- 火灾恢复能力(比例1:250,000):结合火灾风险和灾后植被恢复能力;
- 巨叶山地森林保护和可持续管理面临的威胁和机遇:对巨叶山地森林的保护构成威胁,或为其提供生态修复机遇的地区。

包括数字图谱法在内,整个评估过程都是参与式的。在分析前需举行一次多方利益相关者研讨会,以商定评估的标准及其权重。该研讨会的48名参与者分别代表13个不同的组织,包括政府机构、学术机构和社会团体。之后再举行一次研讨会,展示调查结果,审查评估标准,并开始为墨西哥制定国家森林景观恢复策略。

评估结果表明,墨西哥有超过300,000平方公里的区域具备森林景观恢复的潜力。评估模型还表明,在这一区域,约9%的土地可被划分为高优先级恢复区域,17%为中优先级区域,74%为低优先级区域。可恢复面积约占墨西哥整个陆地面积的13%。

评估不仅为林业部门高层决策者提供决策依据,而且加强了从事林业和景观恢复相关工作的不同国家机构相互之间的沟通协调。这为之后筹备实施综合恢复措施搭建了一个非常好的多机构合作平台。

表16
数据集再分类和加权系统应用示例（来自墨西哥的评估结果）

标准	数据集原始类别	恢复优先级	应用权重	评估分数
土地退化	严重退化的现有林地	高(3)	1.5	3 x 1.5 = 4.5
	严重退化的宜林地	高(3)	1.5	3 x 1.5 = 4.5
	中度退化的林地或宜林地	中(2)	1.5	2 x 1.5 = 3
	轻度退化的林地、宜林地	低(1)	1.5	1 x 1.5 = 1.5
	退化但正在恢复的宜林地	忽略(0)	1.5	0 x 1.5 = 0
火灾风险	易起火灾，可恢复性低	高(3)	1.0	3 x 1.0 = 3
	易起火灾，可恢复性高	中(2)	1.0	2 x 1.0 = 2
	不易起火灾，可恢复性低	中(2)	1.0	2 x 1.0 = 2
	不易起火灾，可恢复性高	低(1)	1.0	1 x 1.0 = 1

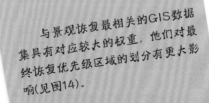

与景观恢复最相关的GIS数据集具有对应较大的权重，他们对最终恢复优先级区域的划分有更大影响(见图14)。

图14

墨西哥评估制作中,显示使用的一些地理信息系统数据集

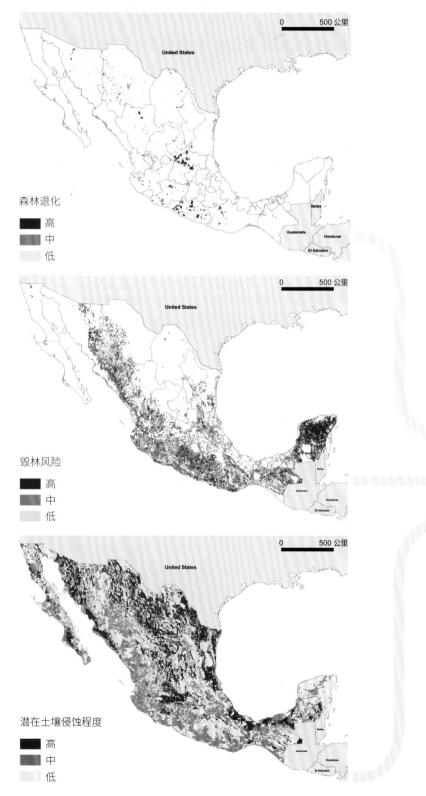

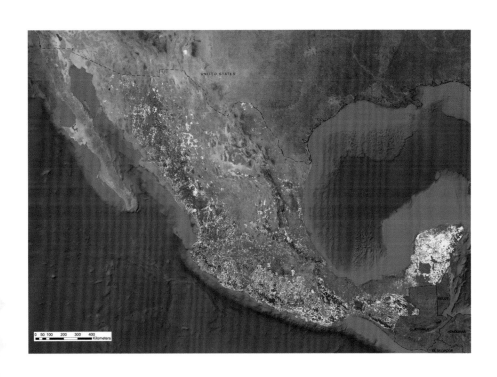

整合地图

█ 一级优先恢复区域
█ 二级优先恢复区域
░ 三级优先恢复区域

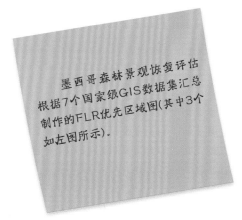

墨西哥森林景观恢复评估根据7个国家级GIS数据集汇总制作的FLR优先区域图(其中3个如左图所示)。

图15

危地马拉评估中的恢复潜力图

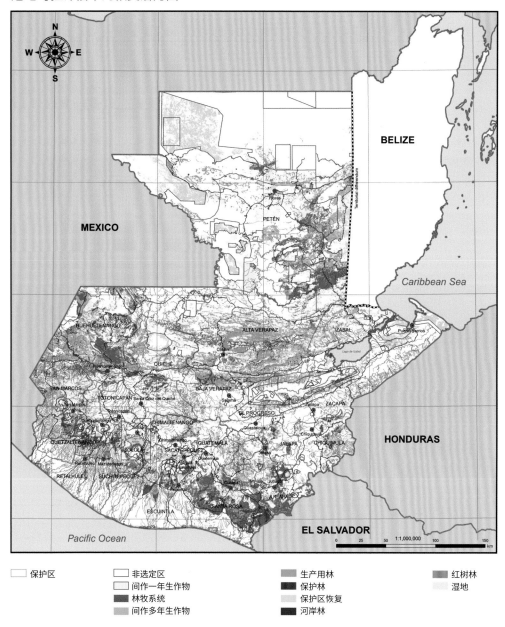

☐ 保护区	☐ 非选定区	◼ 生产用林	◼ 红树林
	☐ 间作一年生作物	◼ 保护林	◻ 湿地
	◼ 林牧系统	☐ 保护区恢复	
	◼ 间作多年生作物	◼ 河岸林	

资料来源：危地马拉政府（2013年）。

景观恢复干预措施的经济建模和价值评估

不同人对景观恢复干预措施的关注点不一样。景观恢复实施者关心实施的区域范围和技术手段,而政策制定者关心的是执行所需的预算、资金来源、景观恢复的效益、相对于其他财政支出的社会效益以及成本效益。因此,景观恢复的成本效益分析是ROAM评估法的核心要素。它与地理空间分析紧密结合,可以分析哪些政策和体制框架最能有力地服务于景观恢复,同时也为评估森林景观恢复带来的碳汇及其联合效益和融资机会分析提供了必要的前期数据。

有些人反对评估景观恢复后生态系统产品和服务带来的成本及效益,认为会助长自然"商品化"的趋势(即将所有生态产品和服务视为可供市场交换的商品),并且会导致在制定景观恢复策略时只采用最具商业吸引力的干预措施,而忽略景观恢复带来的无法用市场价值衡量的社会效益。但如果评估过程能够合理设计和使用成本效益分析法,这样的结果则很容易避免。正确的成本效益分析应该:

* 涵盖对社会重要的多种价值,而不仅仅是市场价值。

* 允许对市场价值和非市场价值进行公平竞争。

* 不对景观恢复干预措施的融资方式做出预判(这是融资分析的任务)。不过它应该区分景观恢复的个人效益和社会效益比例(了解这点非常有用,因为它为"应该由谁支付"这一问题提供了更合理的讨论基础)。

* 将景观恢复工作与其他公共与私人工作的潜在效益进行公平比较(例如,恢复上游水源涵养林的成本和效益或投资水处理设施的成本与效益)。

* 对可支撑其他重要部门的生态系统产品和服务进行价值量化(例如,卢旺达和许多其他国家的自然资源对于旅游业产值的贡献)。

虽然某些经济分析的形式可能非常复杂并且需要大量的时间和资源,但ROAM评估法的此模块设计相对简单快捷。我们的经验表明,得益于与其他类型的地理空间和非地理空间分析相结合,ROAM成本效益分析可产生有用的决策支持信息,经得起政府高层和其他专业机构的审查。

基本概念

ROAM评估法的成本效益分析法旨在确定恢复措施将带来多少**额外收益**，以及实施该措施会产生多少**额外成本**。这种分析方法称之为边际损益分析，可省去估算景观中的所有价值以及为维持这些价值而进行的所有投资。

图16说明了如何在景观恢复决策过程中使用边际损益分析。本例中的基准土地利用模式（退化农地）每年从农作物产量中产生了1000美元的价值，农民为之付出了500美元（主要是种子、肥料等），社会额外成本为700美元，这些损失价值可能是土壤侵蚀造成，也可能是生物多样性栖息地的损失以及其他外部影响造成。因此，"退化农业"的基准土地利用价值为-200美元。

在同样的案例中，通过农林复合经营恢复退化的农业用地，可减少因侵蚀造成的100美元损失，提供碳汇和木材产出的价值达500美元，农作物产量价值900美元（略低于以前），其中农民的成本为500美元。这样一来，农林业的总收益为1000美元（扣除成本后）。因此，当退化农业地恢复为农林业地时，服务价值增加了1200美元。

或者，退化农业地也可改造为次生林，这就防止了因侵蚀造成的200美元损失，再加上碳汇价值的500美元，并产出了价值为700美元的非木质林产品（NFTPs），一共花费的成本为700美元。

在这种框架下得到的分析结果，可用于确定符合地方和国家战略重点的景观恢复区域。即使是生态目标优先于经济目标，该框架仍能够确定以最低成本产生所需生态效益的景观恢复方案。

显然，在此分析中考虑的效益不应仅限于经济效益，还应包括其他因素，如碳汇效益、生物多样性效益以及对农民或土地所有者的利益，类似改善粮食生产的供应和水供给的状况。在无法量化收益的情况下，则可使用简单的评级系统来反映不同效益之间的相对重要性。

通常全面的森林景观恢复的成本效益研究在大多数国家是缺失的，因此部分的评估工作可能需要收集更多其他数据。可以通过汇编一系列有关不同恢复方案的成本及效益辅助信息参考表来实现。评估区域内，同一森林景观恢复措施的成本和效益的类型以及水平都有所不同，因此有必要为评估区域各个子域（见第35页）准备不同的参考表用以校正评估结果。表17展示了加纳评估中用于记录成本及效益分析结果的常用模板。然后针对该国的不同地区推出校正版本；表18列出了加纳北部地区的完整表格。

图16

计算恢复干预措施的边际价值

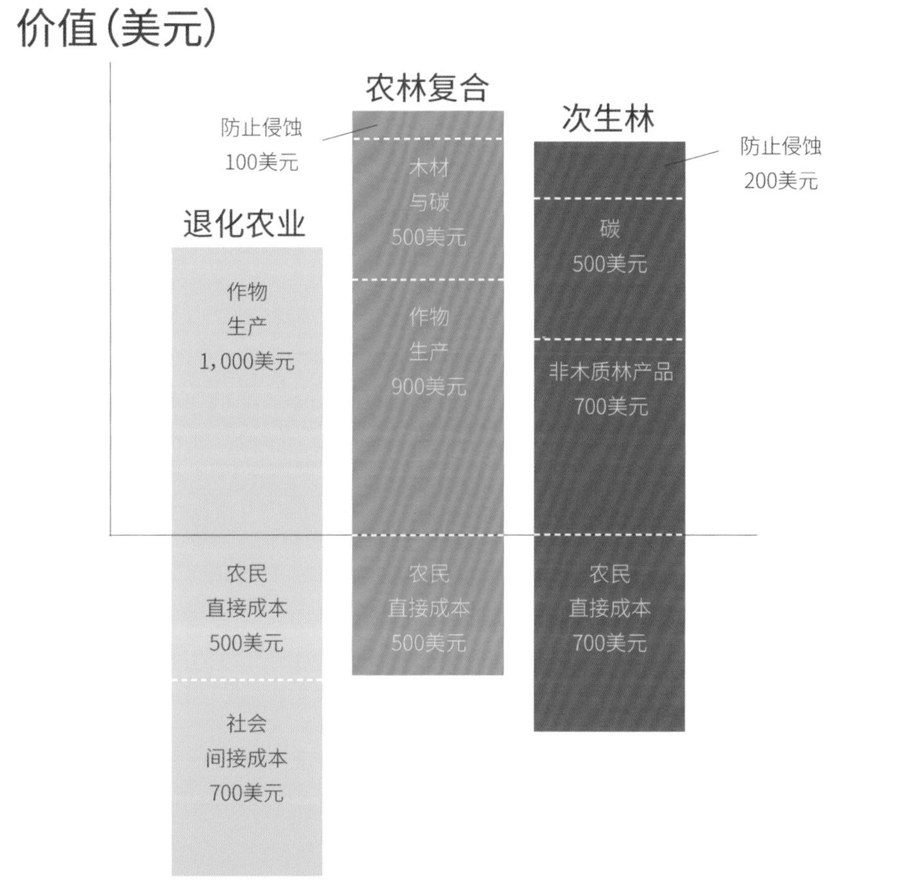

土地利用	成本效益(美元)	净收益(美元)	边际收益(美元)
退化农业	1,000~1,200	-200	—
农林复合	1,500~500	1,000	1,200
次生林	1,400~700	700	900

表17
记录成本及效益分析结果的参考表

恢复干预措施	编号	名称	成本/公顷（加纳塞地）20年	收益 20年后（株/公顷）	收益 20年后（立方米/公顷）	恢复景观中树木的预期收入和其他效益
1. 营造并维护人工林和片林	1a	外来树种种植林				
	1b	薪材林				
	1c	本地树种种植林				
2. 在非林地上建造并维护天然更新的林地和片林	2a	播种造林				
	2b	防止过度放牧				
	2c	抑制杂草				
	2d	山火预防				
3. 恢复和维持退化林地和片林	3a	预防丛林火灾				
	3b	播种造林				
	3c	富集种植				
	3d	限制放牧				
4. 农林复合	4a	间作粮食作物				
在农耕活跃土地上整合林木效益	4b	间作可可树				
	4c	林复合				
5. 改善林耕	5a	等高线管理				
在农业休耕土地上整合林木效益	5b	提高休耕地肥力				
	5c	火灾管理				
6. 保护区和缓冲带	6a	增强海岸				
在关键或敏感的区域上营造并增强森林	6b	海岸沿线恢复				
	6c	水域保护				
	6d	侵蚀防治				

表 18
供加纳北部地区使用的成本效益表

干预措施	编码	当地措施名称	成本/公顷（加纳塞地）	株/公顷	立方米/公顷	作物生产	畜牧业生产	野生植物食品	纤维，药品	丛林肉	供水系统（如电，农田灌溉，水力发）	饮用水质量
			预期变化			其他效益（1=没有变化 2=边际变化 3=变化较大 4=显著变化）						
1. 人工	1a	本地树种种植林	7765	125	120	2	1	4	4	3	3	3
	1b	薪材林	5000	2000	300	1	1	2	2	2	2	2
	1c	外来树种种植林	7765	250	150	1	1	1	1	1	2	2
2. 自然更新	2a	山火预防	2000	600	80	2	2	3	3	3	3	3
	2b	防止过度放牧	1200	600	80	2	2	3	3	3	3	3
	2c	抑制杂草	1500	600	90	2	2	3	3	3	3	3
	2d	播种造林	2000	600	100	2	2	3	3	3	3	3
3. 森林培育	3a	富集种植	2500	120	70	2	2	3	3	3	3	3
	3b	限制放牧	1200	100	60	2	4	3	3	3	3	3
	3c	预防丛林火灾	2000	600	80	2	2	3	3	3	3	3
4. 农林复合	4a	林木复合	1000	600	60	1	4	2	2	3	3	2
	4b	间作粮食作物	1000	60	30	4	1	3	3	2	3	2
	4c	间作可可树	1000	20	15	4	1	3	3	2	3	2

这是成本效益表的实例，是表17的改编版本。

估算成本效益

建立成本效益的估算有四个基本步骤：

1. 对主要景观恢复干预措施达成一致共识，包括措施的种类、实施的地理范围和实施条件（见第68页）。

2. 对各景观恢复干预措施的以下方面做出相对可靠的估计，包括其技术规范和参数（例如树木间距、除草、火灾控制、其他保护措施、投资回报周期、树木的生长率等），以及预期的增量效益（或者变化）。之后在此基础上就可以完成参考表（如表17所示）。重要的是要清楚地列出所有假设，以便在分析时检查和验证这些假设。

3. 计算和模拟景观恢复干预措施带来的其他额外生态系统的产品、服务及其相关的成本效益。本步根据ROAM评估法中其他应用参数的不同会有些差别，但是一般会包括以下几项：
   • 估算木材和非木材（包括碳）价值；
   • 估算对土壤保护和减少侵蚀的额外贡献；
   • 估算农林复合经营和农作物产量的改善；
   • 根据FLR相关的投入估算额外成本，如图17所示。

   使用数学模型可以更精确地估算出成本和收益。所进行的分析水平取决于评估目标和评估团队所用的专业知识。如果没有其他成本和效益信息来源，最简单的分析可能是基于利益相关方报告值的粗略计算。在更复杂的分析中，则会使用经验估计的生产函数，根据官方和同行评审的信息进行模拟，然后评估出不同恢复方案下的生态系统服务的变化。

4. 进行敏感性和不确定性分析。了解成本效益分析结果对关键变量（如价格、利率和生物学假设）变化的敏感程度。恢复期间的收入和非货币利益取决于固有的随机生态参数，包括降水量和树木生长率。然而，这些参数取值的不确定性会在分析中带来风险。为了充分考虑这种不确定性，可以使用重复随机抽样技术，即蒙特卡罗模拟。蒙特卡罗模拟是通过从给定变量的分布中的提取值来创建数据，而不是简单采取现场观察数据分布范围的单个平均值。由于树木生长等生态结果决定了每次恢复过渡期的利润，使用蒙特卡罗方法能得到表示不同土地用途上可能出现的一系列结果数据。

图 17

景观恢复的成本

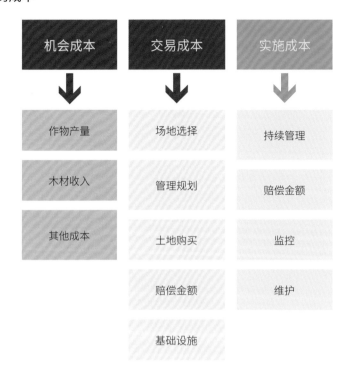

虽然恢复决策可基于多种标准,包括生态优先级和恢复成本,但综合考虑了恢复成本效益的方法可以为决策者提供更多可操作的决策支持信息。成本效益的评估方法可以在一系列标准框架下比较,并确定投资景观恢复项目的优先级别,包括净现值(NPV)、投资回报率(ROI)和多标准决策框架。这些信息对于政策制定者、恢复专家和自然资源管理者都非常有用。他们想了解更多关于恢复毁林和退化景观的经济机会及权衡情况。鉴于世界各地退化土地的数量庞大,能够找到最具成本效益的景观恢复方法是非常重要的。

经济分析部分的结果有助于评估景观恢复措施方案的可行性,同时为以后的战略规划过程也提供了依据。此外,这些分析有助于接下来的进一步分析,例如,碳的成本效益模型(如下所述),并为融资方案分析(本章稍后将会有所概述)补充数据。当然,经济分析结果需要与其他分析结果一起考虑,因为潜在恢复干预的成功,不仅取决于它们提供的收益范围和大小,还取决于例如法律、制度和政策安排(如土地利用政策、土地保有权、林产品市场等)。

景观恢复干预措施的碳成本效益建模

尽管在估算森林景观恢复的成本与效益时，考虑到了一些对碳效益的影响，但是彻底地分析不同恢复措施下的潜在碳效益更有用。以下的指南介绍了可使用的技巧，并说明了分析可提供的输出类型。评估团队需要根据评估的重点和获得的数据类型，选择最恰当的分析要素。

估算方法

可使用《IPCC优良实践指南》(IPCC, 2003)中推荐的方法，为FLR干预措施计算碳汇值。IPCC提供了3种计算方法。基本方法(通称"层级1")是基于默认值计算生物量碳储量变化，这种方法非常简单并且需要的信息较少；另外两个方法更为复杂(通称"层级2"和"层级3")，但计算结果更准确，它们适用于分析规模较小或者精确度要求高的项目。对于大多数国家级的碳汇分析而言，层级1的方法已经足够。附录1提供了层级1的使用指南。

使用并报告碳效益估算结果

在计算出不同类型的FLR干预措施的碳汇值后，评估团队便可以在分析和报告中使用这些数值。例如，图18显示了在加纳地区，各个恢复措施下的碳汇值。首先估算出通过干预措施造成的每公顷碳汇量，再乘以恢复区域面积(依据地理空间分析得出)就可以得到估算结果。

使用碳交易价格可将碳效益货币化。评估加纳时，假设碳价为13.63加纳塞地(GHS)(约7.5美元)，这是2012年自愿碳交易中每吨碳的平均价格(Peters-Stanley et al., 2013)。表19显示了加纳地区碳汇及碳收入的评估结果。碳收入是按照每吨碳的价格乘以碳吸收量估算得出。

图 18

加纳地区不同恢复措施下碳汇潜力(百万吨CO$_2$当量)的评估结果

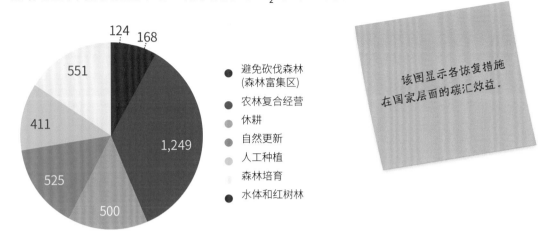

该图显示各恢复措施在国家层面的碳汇效益。

图例:
- 避免砍伐森林(森林富集区)
- 农林复合经营
- 休耕
- 自然更新
- 人工种植
- 森林培育
- 水体和红树林

建立碳成本效益模型

麦肯锡2007年首次发布的《温室气体减排成本曲线》,目的是帮助决策者大致了解不同气候缓解行动的减排潜力排名(例如可避免多少碳排放),以及储存或吸收每吨碳的平均成本。在这个过程中,减排曲线可作为量化依据用于讨论哪些行动能最有效地实现必要的减排以避免危险性气候变化。

麦肯锡的分析提供了数据证明,由土地活动(林业和农业)构成的气候减排措施投资相对较少但效益较大,至少在理论上是这样的。

应用ROAM评估法分析加纳时借用了麦肯锡减排曲线的概念,并对其进行了调整。评估根据国家级恢复措施的碳汇潜力以及固定每吨CO$_2$可预期的额外净收益值,对拟定的恢复措施进行排序。换句话说,分析是为了梳理出森林景观恢复活动可带来的联合效益。我们把这种分析称之为碳成本效益模型。

需要强调的是,同麦肯锡减排曲线一样,要谨慎使用碳成本效益模型。例如,它不能解决在特定FLR干预措施下,每增加1公顷土地可能造成边际收益递减的问题,因为当FLR干预措施应用到下一公顷退化土地时,会使成本略微增加而获得的收益也就略微减少。同时也不应该用此分析方法比较不同的FLR干预措施而期望找出最佳单项选择。正如麦肯锡对其减排曲线所述,它仅仅是探寻不同景观恢复措施最佳组合的讨论基础。

表19

加纳地区不同森林景观恢复措施的碳收入估算

	森林景观 恢复措施	碳汇 (每吨CO$_2$当量/公顷)	碳收入 (加纳赛地)	单位成本(公顷) (加纳赛地)
植树	乡土树种人工林	218	2,969	5,600
	薪材林	218	2,969	5,800
	外来树种人工林	251	3,426	5,800
自然更新	预防山火	145	1,979	1,000
	防止过度放牧	145	1,979	1,200
	抑制杂草	145	1,979	1,500
森林培育	补植	91	1,237	1,800
	限制放牧	73	990	1,200
	预防森林火灾	109	1,484	1,000
农林复合	林牧复合经营	73	990	300
	间作	73	990	300
改善农业休耕地	提高休耕地肥力	54	742	500
	火灾管理	54	742	400

注释:碳价为13.63加纳赛地/吨。碳吸收值为20年的估算值,1吨的地上生物量等于0.5吨碳。所有值均是按名义价值计算。

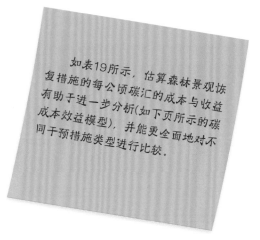

如表19所示,估算森林景观恢复措施的每公顷碳汇的成本与收益有助于进一步分析(如下页所示的碳成本效益模型),并能更全面地对不同于预措施类型进行比较。

图19

在加纳评估中碳成本效益建模成果图

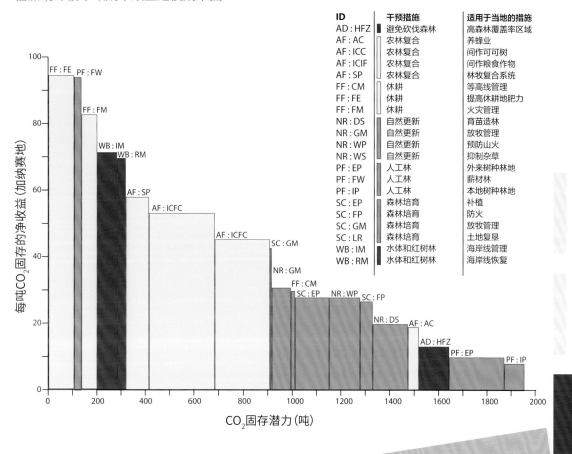

图19显示了在加纳评估中的碳成本效益模型的结果。图表中每个条形的高度代表了每固存1吨CO_2当量的额外净收益。这些估计值仅包括预计的20年时间范围内恢复的直接物质净收益。每个条形的宽度表示在20年时间范围内该恢复措施可以固存的CO_2总当量。

就加纳评估而言,与传统的REDD+干预措施相比,该表能充分说明FLR干预措施能潜在地帮助在农业用地上(黄色阴影)实现碳的联合效益。例如:避免森林富集地区的毁林(红色阴影),这是早期REDD+讨论中唯一的焦点。值得注意的是,对社区片林(PF:FW)和流域保护(WB:IM和WB:RM)的投资产生了显著的民生收益(尽管碳效益有限),可以认为是"低处的果实"(意为可轻易实现的目标)。

该分析根据每吨CO_2封存的预期额外净收益,对不同的恢复干预措施进行了排名,并展现了它在国家层面的减排潜力。该分析使用的是20年范围内的时间框架。

景观恢复干预措施中关键成功因素的诊断

这部分是涉及对本国是否具备成功实施森林景观恢复的关键要素及其到位程度的初步评估,以促进接下来的推广实施。这些因素包括:①关键利益相关方的积极性;②国家的有利条件支持;③执行能力和可用资源。该分析特别研究了国家的政策、法律、市场和制度安排如何帮助或阻碍景观恢复项目的发展和实施。分析还可检验评估区域的生态和社会条件对于扩大恢复工作的有利程度。

同样,该分析的复杂程度取决于客观形势和资源条件是否允许。该项工作为总体上改善可持续土地管理(包括恢复)奠定了基础,这可以说是非常关键却又经常被忽视的一步。

一旦所有评估结果都已汇总,评估团队便可以开始与众多利益相关方进行更详细的评估了(见第109页)。

目前我们正在开发一种工具,用于研究各种森林景观恢复的关键成功因素。这个诊断工具可以有效审视正在考虑开展森林景观恢复的国家或地区已经具备或缺失哪些关键成功因素。而那些缺失的部分最有可能成为实现森林景观恢复的阻碍。在启动景观恢复工作前应用该工具,可帮助决策者和利益相关者在投入大量人力、财力或政治资本之前集中精力补全缺失的关键成功因素。该工具可定期应用于正在恢复的景观中,从而帮助决策者和实施者通过适应性管理来维持景观恢复工作进度。

该工具从全球20多个森林景观恢复"案例"中学到了经验教训,将关键成功因素分为3个主题:

1. **明确的动机。**决策者、土地所有者及公民需要了解森林景观恢复的必要性,并启发或激励他们支持森林景观恢复工作。这意味着森林景观恢复项目必须用利益相关方可理解的方式呈现,并和他们关心的问题息息相关。

2. **具备有利条件。**评估区域必须具备充足的生态、市场、政策、法律、社会和/或体制条件,以创造有利于开展森林景观恢复的社会环境。

3. **持续执行的能力和资源。**评估区域需要具备可调动的资源,以及在当地能持续开展森林景观恢复工作的能力。

该工具包括3个主要步骤(如表20所示):

1. 选择范围;

2. 评估关键成功因素的状态;

3. 确定缺失因素的解决策略。

表 20

诊断关键成功因素

步骤	1.选择范围	2.评估关键成功因素的状态	3.确定缺失因素的解决策略
具体措施	选择诊断"范围"或边界。确定的范围即"候选景观"	系统地评估森林景观恢复的关键成功因素在候选景观中是否到位	制定策略以弥补目前在候选景观中尚未就位的关键成功因素
输出成果	经过诊断的候选景观	缺失(部分或全部)的关键成功因素列表	策略集
预计时间	几天	1~2周	1~2周

步骤1先划分需要诊断范围的边界,以避免不必要的研究,并能提出更可行的建议。该步骤包括,如,运用诊断工具去确定具体关注的地理范围(即"候选景观"),并考虑恢复该景观需要的时间周期及其景观恢复目标。

步骤2是该工具的核心步骤,即评估每个关键成功因素状态,通过一系列相关问题来判断这些因素是否完全到位、部分到位或缺失。例如,通过以下问题来探索与政策相关的必要条件:

- 土地管理者和土地利用者对于景观恢复能带来的利益是否享有合法或者合乎传统的占有权。

- 关于规范土地利用变化(包括清除残余的天然林) 是否存在明确且可执行的法规。请注意,这是一个特别具有挑战性的因素。如果土地用途变更的法规过于宽松,恢复工作可能会成为"零和游戏"——上一年的收益在第二年就被轻易地抵消掉,或者高质量的多功能森林可以由单一树种取代。然而,如果土地用途变更规定过于严格或苛刻,这可能也会阻碍土地所有者投资恢复活动。例如,一些拉美国家禁止将林业用地转为非林业用地,因此农民持续使用除草剂处理低等、低产的牧场,以防止次生林形成。

- 那些要求森林恢复或对天然林转化有明确规定的法规是否得到充分执行。

  表21为工具中步骤2的实施结果(卢旺达评估)。

  步骤3是针对缺失的关键成功因素来制订应对策略,以解决缺失的关键成功因素问题(哪些"不到位"或仅"部分到位"的因素),以及保证现有的关键成功因素得以维持。在此步骤中,用户集思广益、提议并记录一系列政策、激励措施、实践、技术以及其他干预措施。目的是确保能够使森林景观恢复的成功经验推广应用。以卢旺达评估为例,请参见第111~115页。

  世界资源研究所牵头,与世界自然保护联盟合作,为森林景观恢复全球伙伴关系(GPFLR)联合编写有关如何有效分析政策和制度的详细指南。若需获取更多有关该出版物的详细信息,请联系:restore@wri.org或gpflr@iucn.org。

表 21
卢旺达评估中关键成功因素的诊断结果

主题	有利条件	关键成功因素	当前状态
动机	效益	可产生经济效益	完全到位
		可产生社会效益	部分到位
		可产生环境效益	部分到位
	意识	公开说明恢复效益	完全到位
		确定恢复机会	部分到位
	危机事件	利用危机事件	完全到位
	法律规定	存在景观恢复有关的法律规定	完全到位
		广泛理解并执行景观恢复的法律规定	不到位（缺失）
条件	生态条件	土壤、水、气候和火灾条件均适合景观恢复要求	完全到位
		避免有植物和动物阻碍恢复工作	完全到位
		天然种子、幼苗或源种群已初步到位	不到位（缺失）
	市场条件	对退化林地的竞争需求（例如食物、燃料）正在下降	不到位（缺失）
		恢复区域具有的产品价值链	不到位（缺失）
	政策条件	保障土地和自然资源的保有权	完全到位
		调整并简化恢复策略	完全到位
		存在清除剩余天然林的限制	部分到位
		限制森林砍伐	完全到位
	社会条件	当地人有权对恢复工作做决定	不到位（缺失）
		当地人可以从恢复中受益	部分到位
	制度条件	明确规定景观恢复的作用和责任	不到位（缺失）
		制度协调有效	不到位（缺失）
实施	领导力	存在国家或地方领军队伍	不到位（缺失）
		政治承诺持久不变	完全到位
	知识	清晰了解如何去恢复候选景观	完全到位
		明白如何通过同行或推广服务调动恢复工作	不到位（缺失）
	技术设计	恢复设计要有技术基础并且适应气候变化	完全到位
	资金和激励	关于激励和资金,积极大于消极	完全到位
		激励和资金易获得	不到位（缺失）
	反馈	具备有效的绩效监测及评估系统	不到位（缺失）
		及时沟通前期收益	完全到位

完全到位 ▢　　部分到位 ▨　　不到位（缺失）■

景观恢复干预措施的融资分析

该部分涉及分析确定可用的资金类型和融资渠道,以支持国家森林景观恢复战略或项目的执行。确切来说,针对评估中现存的不同景观恢复干预措施,确定哪种类型的融资方式最可行。

森林景观恢复工作可采用的主要资金类型:

- **营利性私有资金**:生产商品和提供服务来吸引私人企业融资;

- **非营利性私有资金**:包括当地社区,国际基金会以及非政府组织;

- **为提供生态系统服务而支付资金奖励**:包括以市场为导向的生态环境服务付费(PES),虽然到目前为止这类资金转移主要依赖于公共部门资源;

- **公共部门财政投资**:增加林业部门投入,取消有害补贴,并阻止造成土地退化的行为;

- **多边和双边间援助**:森林景观恢复工作越来越受决策者和国际发展机构负责人欢迎;

- **森林景观恢复工作的服务从公共部门转变为私营部门承担**:例如苗圃生产。

通常,景观恢复干预措施对个体利益越大,越有机会吸引到私有融资;社会效益越大,就越可能吸引公共部门进行融资(如图 20 所示)。

在考虑如何为景观恢复项目提供资金时,要区分以下几点:①资金来源;②资金运作机制及分配条款,即如何分配资金给那些参与实施景观恢复策略的人;③资金发放给景观恢复策略实施人员的渠道;④景观恢复的非现金效益或者市场价值(见图21)。单一资金来源可具有一个或多个资金供应机制和渠道。通常根据市场可行性的高低来决定最适融资机制。例如,无市场价值的服务通常不适合贷款,因为这些服务不能产生有形的收入以偿还贷款。

图20
用于森林景观恢复的公共/私有融资方案

高

农民利益的价值

个人资源调动

公共资源调动

低

社会利益

高

在确定不同恢复措施的融资方案时，要考虑可能的受益人是谁，以及他们在资金或配套投入上有多大贡献(例如提供劳动力或种苗)。

图21
用于景观恢复工作的融资策略分类

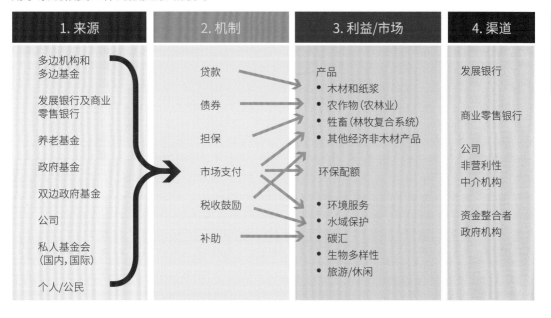

1. 来源	2. 机制	3. 利益/市场	4. 渠道
多边机构和多边基金	贷款	产品 ● 木材和纸浆 ● 农作物(农林业) ● 牲畜(林牧复合系统) ● 其他经济非木材产品	发展银行
发展银行及商业零售银行	债券		商业零售银行
养老基金	担保		公司
政府基金	市场支付	环保配额	非营利性中介机构
双边政府基金	税收鼓励	● 环境服务 ● 水域保护 ● 碳汇 ● 生物多样性 ● 旅游/休闲	资金整合者政府机构
公司	补助		
私人基金会(国内,国际)			
个人/公民			

私人投资在恢复工作中的潜力评估

私营部门投资代表着一个新的且不断增长的资金来源,可支持发展中国家恢复自然景观和改善民生,因此值得更详细地评估私营部门投资在景观恢复工作中的潜力。

评估团队可从多个层面评估被评估方景观恢复的私人投资潜力。最基本的评估方式可以是评估团队与私营部门的关键信息提供者之间进行头脑风暴会议。而更深入的评估则可采用多种方式,比如在分析研讨会举行专题讨论,回顾评估对象国家投资环境的学术研究成果,以及向金融专家咨询等方式。

全面的评估会审查:

1. 新增的私营部门投资的**作用**和**切入点**;

2. 私营部门投资在该国的**障碍**,以及如何解决这些阻碍来促进此类投资机会;

3. 迄今为止评估中总结的景观恢复干预措施的**投资潜力**;

4. 该国景观恢复项目中可获得的**资金来源**和**风险缓解**手段。

下文提供了关于前两个要素的指导方法(有关评估过程的更多细节可在Dur-schinger等人的著作中找到)。然后,可在验证研讨会上进一步讨论评估结果(见第111~113页),以制定一份投资方案的实施流程图,用于解决那些被识别出的障碍,并处理对于资本动员的建议。

评估私营部门的投资范围

私营部门融资方案通常适用于直接投资景观恢复项目(如,获取土地以种植树木或雇佣农民种植树木),或是创建特定供应链以刺激某些产品生产(如,刺激当地乳制品市场的牛奶加工厂,进而促进农林业生产饲养奶牛的豆科树种饲料)。利用地理空间分析、经济分析和碳分析,并基于关键信息提供者的建议,评估应该能以事实和数据发掘出那些值得进一步研究的潜在景观恢复机会。例如,加纳有大片严重退化的国有林,而这些林地很难通过培育和自然更新的方式恢复。因此,加纳政府积极探索将其中一部分土地用于吸引私营部门投资商业林场的可能性。又如,卢旺达在相对陡峭的山坡上有许多小农场,另一方面该国有一项渐进计划,确保每户贫困家庭至少养一头奶牛。在这种情况下,农场需要持续地种植木本豆科树种以满足牲畜饲料需求。因此,集约式牛奶加工单位可能会激励这些小农场生产牛奶,进而促进当地农场景观中饲料树的增长以及饲料库的建立。

除了研究直接投资和刺激供应链之外，评估还应考虑当地目前是否有些政府提供的森林景观恢复工作职能可以由私营部门承担，以提高整体效率。例如，一些国家的苗木生产往往由政府经营的苗圃管理，但这些苗圃经常资源不足，苗木种类也非常有限。吸引私营部门承担这一职能可能会增加融资以及降低生产价格。新技术和生产技能可以扩大现有品种范围，而节省下来的政府投资就可以为国家造林项目、社区以及小农户提供高质量的苗木。

评估恢复项目中的私营部门投资阻碍

成功吸引私营部门对森林景观恢复项目的投资，需要克服许多景观恢复工作中存在的固有障碍，包括某些景观恢复措施可能永远不具有商业可行性。评估应该分析、列出这些工作，并用公共资金资助，或在可能的情况下将其捆绑到其他有投资价值的机会中，即使这样可能会存在稀释投资收益。

投资者列举了在发展中国家农业、林业和农林业方面的一系列投资阻碍。表22列出了与森林景观恢复有关的部分投资障碍。由于大部分景观主要由小农户管理，投资障碍的困境可能会进一步复杂化。

森林景观恢复工作必须充分考虑这些投资障碍并制定应对措施，因为大多数投资者不会有时间或耐心去等待投资机会满足商业可行性的标准要求。然而，如果投资模式明显具有大范围推广的渠道和潜力，投资者有可能愿意参与小型实验性质的投资。

尽管一部分的投资阻碍可以通过应用金融专业技术知识和融入本地商业项目来克服，但有些投资障碍可能很难解决，需要政府方面花大量时间和资金才能克服。

表23总结了对卢旺达的投资障碍的评估结果，相较于在该地区其他国家，熟知这些障碍有可能对竞争投资有利。

评估恢复方案的私人投资潜力

评估团队可以使用以下问题来审视到目前为止的优先恢复方案列表，并考虑每个方案的投资潜力：

- 对于创收活动（经济作物、增值税、国内增长作物）是否有既定需求和竞争优势？

- 该活动是否能增加森林景观中的树木？

- 下游价值链是否能支持增长？

- 是否能证明该景观恢复活动在价值链中的商业可行性,以及是否能提供该活动的商业回报状况?

- 景观恢复活动是否符合本地景观/生态系统的生物物理特性?

- 是否具有积极的社会影响 (改善民生、提高粮食安全)?

  对于以上问题,评估的肯定回答越多,该恢复措施就越有可能吸引到私人投资。

表22

在发展中国家私人投资恢复项目可能面临的阻碍

阻碍	具体描述
投资机会	缺乏能充分盈利的投资机会(回报、盈亏平衡年限、特定区域投资的规模及其在全国范围内的规模)
供应链连通性	供应链中断 (可能是无效潜力或无效成本导致)
基础设施	缺乏硬件设施(例如道路和其他交通网络、电力以及灌溉系统)和软件设施 (例如海关手续或政府合作)
土地权	未明确的土地权及水域权,用于激励土地所有者在提高土地生产力方面加大投资
采用率	因人力资本不足导致的采用率低
监管及政治风险	世界银行发布的《营商环境报告》显示,严格的监管和过于繁琐的程序会导致投资者成本增加并延误投资,公务人员的腐败程度加重,从而破坏投资
宏观经济	缺乏能够遏制通货膨胀,维持汇率稳定的宏观经济环境
资本市场	资本市场不发达,限制了投资者对于股权投资的退出选择

表23

在卢旺达私人投资恢复项目中面临的阻碍评估结果

阻碍	阻碍程度	原因
投资机会		• 卢旺达是一个小国家,并正在建立当地业务/合作。鉴于该国的规模,仅获得当地知识可能不会产生足够大的投资机会
		• 占地面积非常小,面临扩大特定投资规模和集中需求的挑战
供应链连通性		• 据有限资料统计,卢旺达对主要农作物供应链的挑战相对较少
基础设施		• 虽然卢旺达是内陆国家,但其运输时间和成本条件比许多邻国更优越
		• 蒙巴萨岛—基加利之间的进出口时间是该地区第二短的
		• 在卢旺达中部已铺好几条横跨南北的公路干线
		• 只有9.4%的人能够用电,这在6个邻国中排名倒数第三
土地权		• 土地权明确,针对地籍系统进行了主要投资,记录了数百万的土地所有者
采用率		• 在卢旺达高地发现有市场价值高的水果、药材和木材
		• 订单农业已取得一定成功,支持了集约化经营,为高价值和出口农作物提供农村资金
监管和政治风险		• 卢旺达在2014年的营商环境排名中为第32名,高于上一年的54个国家并且远远高于撒哈拉以南非洲地区142个国家的平均水平
		• 根据《全球治理指数报告》,在过去5年里,卢旺达的6个指标排名均是邻国中最好的
		• 投资者对以前的历史事件可能会产生内乱风险的感知
宏观经济		• 在2013年卢旺达被列为全球增长最快的10个经济体之一
资本市场		• 卢旺达活跃于资本市场,发行了欧洲债券并在2008年推出
		• 场外市场规模相对较小,GDP占比为2.2%

程度:　无障碍　████　高障碍

1.这是只有供应链体系才会出现的情况。

2.针对当地情况和具体部门而不同,也高度依赖于具体的恢复活动。

阶段3：结果与建议

到此阶段，ROAM进程经历了数次数据收集、地理空间和非地理空间分析的迭代过程，并且概览了国家（或地方）层面的森林景观恢复潜力。这些概览的结果建立在评估团队可以获得的最佳数据、最全面的本地知识以及专业知识的基础上。尽管如此，这些总结仍然是初步的，基本上未经测试。此外，为了使评估不是纸上谈兵，而是产生实际建议并推动后续的具体行动，需要与更广泛的利益相关方和专家展开讨论，而且不局限于已参与到评估工作中的专家。

因此，ROAM评估法的最后阶段对于确保评估的可信度和影响力方面起着至关重要的作用。此评估阶段的具体目标是：

- 测试评估结果的有效性和相关性；

- 进一步分析评估结果的潜在政策和体制影响；

- 争取决策者对评估结果的支持；

- 起草政策和制度建议，并为后续步骤制订计划。

虽然主要决策者理应实时跟进了解项目，但在这个阶段，他们的参与尤其重要，以便加强他们对评估结果的认可和主人翁意识，并为政策的采纳奠定基础。例如，在加纳，评估团队需要非常积极主动去确保政府关键人员随时了解评估进程，并参与到评估结果的验证中。事实证明，这有助于保持他们对评估结果与建议的持续兴趣和跟进工作（如第28页的专栏2所述）。

这个最后阶段的目标应该是致力于将评估结果切实纳入国家战略的执行规划中。评估是否成功的最终指标是，关键利益相关方能够从评估建议出发，着手制定森林景观恢复相关政策、项目或战略，以补充完善和帮助实现多个相关的国家宏观战略目标，包括经济发展、自然资源利用、粮食安全、水资源安全、能源安全、减缓气候变化等。

结果验证

具体来说，这一阶段要求汇集政府决策层人员、国家权威专家和其他重要的利益相关方（如当地农民工会、商会、土著人民或社区联合会），请他们批判性地检验评估的主要结论和建议。完成这步工作最有效的方式就是在首都举办一次验证研讨会。

该验证研讨会的性质与之前区域或专题分析研讨会完全不同。在验证研讨会上，应该花更少的时间在方法论和过程的讨论上，而重点关注评估结果，包括总体结论和建议是否在技术、政治和制度层面上合情合理。换句话说，研讨会的目的是要验证这些评估建议在当前国情下是否可行。研讨会的成果应能验证评估结果的有用性，帮助评估团队完成最终报告；又或者借此发现评估建议的不足，需要用重新校正的分析假设和新的数据去重复开展某些地理空间和非地理空间分析。

验证研讨会很可能会涉及下列要素：

- 简要描述关键评估参数，特别是最终确定的评估标准、主要的景观恢复干预措施、主要数据来源和基本假设；

- 到目前为止的评估过程简介；

- 由地理空间分析、经济和碳成本效益模型中得出的主要结论；

- 评估结果的潜在政策影响以及本国政策和体制是否为森林景观恢复战略和项目做好了准备；

- 评估国家森林景观恢复工作的准备情况，找出潜在的不足并提出解决方案；

- 盘点评估建议是否能充分解决国家的战略需求和国际承诺；

- 讨论下一步行动计划。

在举办验证研讨会之前，评估团队须用清晰可信的方式展现评估结果，并采用有助于参与者积极讨论的方式。其重要性不仅仅是因为这样可以有助于建立广泛理解，也因为一些利益相关方可能立刻使用这些结果。团队应该注意不要在讨论中过多地拘泥于具体细节，而应该提供高度概括的总结，最高优先级的景观恢复措施和这些干预措施的主要影响。

这个过程还应该允许研讨会参与者对于评估假设提出质疑。评估团队或许应该考虑在不同情景假设下的最优森林景观恢复干预措施组合，然后在验证研讨会期间收集关于最合理情景假设的反馈。这种反馈过程可以提高评估效果，并有助于减少评估结果可能的质疑。

验证研讨会参会人员团队应该包括：

* 主要土地管理相关部门的高级技术和政策研究人员；

* 财政和经济规划部门的高级技术和政策研究人员；

* 相应级别的政府行政部门工作人员（如果可能）；

* 主要利益相关方群体的代表，如：
  o 商会；
  o 农民工会；
  o 原住民联合会；

* 民间社会组织；

* 非政府组织：
  o 关键私营部门代表；
  o 双边发展机构的代表。

表24列明了验证研讨会中应着重解决的一些主要问题。除了提出这些具体问题外，评估团队还应鼓励参与者：

* 对有疑惑、自相矛盾或不清楚的结果提出疑虑，并要求解答；

* 发掘其他任何可能与评估相关的工作；

* 提出对现有分析结果改进的切实建议。

表24
验证研讨会的主要讨论点

评估要素	需要讨论的问题/主题
制定高优先级的森林景观恢复干预措施(例如,排名前5位或前6位的干预措施)	• 这些干预措施是否真正符合高优先级别? • 这些优先措施涵盖了哪些土地用途? • 这些干预措施的潜在地理范围是否合理? • 哪些地理或行政区域具备开展森林景观恢复初步工作的潜力? • 这些优先干预措施如何响应国家主要部门的现有规划和项目?
经济分析(例如,高优先级的森林景观恢复干预措施的成本和收益)	• 景观恢复干预措施的预期回报是否合理? • 相比之下,其他针对改善类似土地用途类型的干预措施的既定成本和收益如何? • 景观恢复成本的承担者是否能获得相应的收益?
碳分析	• 讨论森林景观恢复优先干预措施的碳效益 • 估算的碳效益在单一公顷尺度和国家尺度上是否合理? • 优先干预措施如何与国家REDD +战略相关联?

经济/资源分析*	• 如何用以下方式为森林景观恢复优先干预措施提供资金支持:
	  ○ 现有投资机制?
	  ○ 新的融资来源?
	• 促进森林景观恢复干预措施的首要融资工作是什么?

政策、法律和制度分析*	• 哪些国家政策和措施可以推进森林景观恢复?
	• 促进森林景观恢复最迫切需要的知识、工具、能力和资金有哪些?
	• 如何加强对森林景观恢复的需求:
	  ○ 改善市场条件?
	  ○ 提高基层的能力?
	  ○ 直接支付给土地所有者?
	• 是否需要开展宣传工作以便提高人们的认识?
	• 如何改进不同土地利用管理部门之间的协调?

*详请见下

在最终完善建议之前(见第113~117页)，还有两项额外任务需要团队引起重视。在现阶段这些任务可能不是绝对必要的，但如果时间和资源允许，它们可以提供更多的信息来进一步完善最终建议。这些任务包括:

• 测试地方政府对于评估方案中关于宏观战略和政策建议的反馈;

• 拟定实施景观恢复措施的融资方案。

这两项分析都可以与第二阶段的其他分析工作同时运行，但由于这两项工作的范畴和内容十分依赖于其他分析以及验证过程的结论，因此建议安排这两项工作在准备最终建议之前进行总结分析。

地方政府的反馈

虽然有部分基层工作人员有机会参加验证研讨会，但由于后勤方面的限制，大部分基层工作人员不太可能有机会参加。如果这些分析研讨会是在地方举办，基层工作人员更有机会系统地参与到分析研讨会。这其实造成了一个困境，因为地方官员不仅可以分享技术见解，而且还肩负着落实中央政府规划和政策的任务。基层工作人员往往对当前形势下不同政策和制度性干预措施的实际效果具有更切实的认识。遗憾的是，这些人员很少有机会在敲定最终政策建议之前分享他们的意见和见解。

基于之前经过验证的本国现存关键成功因素诊断分析，评估团队可以简单地对当地政府官员进行一次意见调查：将诊断总结出的改善政策和体制的措施列成一个表格，并要求基层官员按照以下顺序排列：

- 优先级（1代表最重要的、需要立刻到位的措施，2是第二重要的措施，以此类推）；

- 实施的难易程度（1代表从地方政府的角度来看，最容易执行的措施）。

虽然此举的真正目的是请基层官员将其认为最重要可行的政策和体制措施进行累计排名，但同时也给他们提供了进一步评论的机会。虽然不需要提供个人姓名，但是应该要求受访者说明他们所在地区及其工作部门。这样有助于根据地理位置和行业进行进一步分析。

如有可能，调查应尽可能以电子方式发送。如果基层办事处没有互联网连接，折中的办法是在地方分析研讨会上进行调查，虽然这样可能会因为缺失对个别政策措施的评估验证而影响结果。有了排序结果以后，评估团队可以将其整理成一个简单的电子表格。通过平均分数，将这1，2，3，4，…，n由低至高排序计算累积排名。由于计算非参数值的平均值具有一定的风险性，因此建议还需要确定最多人选的选项，即统计受访者对排列的优先级前5项的政策或制度认可的次数，然后按照认可次数去一一对应措施1，2，3，4，…，n进行排列即可。

通过这两套简单的分析，应该就可以确定基层官员认为哪些政策和制度措施最为重要，以及哪些最容易执行。

确切来说这一步分析不是做学问，因此不需要非常精确。评估团队可能希望通过将总体累积排名用不同颜色代码来进一步简化演示，如表25所示。该表显示了卢旺达75位地区基层官员收集的调查结果摘要。它佐证了这一做法的价值，特别是在比较"政策优先级"和"实施的难易程度"上，强调了并不是所有的优先事项都难以实现。在这个案例当中，5项政策重点中的3项是相对容易实现的。换句话说，至少从地方政府的角度来看，这些可能是相对容易达成的"政策和体制"目标。

表25
为了改善卢旺达景观恢复的政策和体制而需要做出的关键改变(地方政府视角)

政策或制度措施	政策优先级	实施便利性
经济情况在省级得到了解		
更好的地方规划流程		
更好的政府机构间协调		
政府支持运动		
更多的政府财政和奖励机制		
更好的区级技术推广		
景观恢复的绩效目标		

优先级

第一优先级	第二优先级
■	■

- -

易于实施性

简单	相对简单	困难
■	■	■

资金方案

ROAM评估指南仍然是评估学中的新兴领域,迄今为止,尚未能提出详细的建议以及与之相匹配的投融资方案。不过,评估团队可以考虑与地方金融专家一起验证结果,这些专家最好来自政府及私营部门双方机构。

表26概述了一套可以吸引私人投资景观恢复的方案:评估团队在编制建议资金方案列表时可以参考。表27列出了卢旺达评估中所拟订的初步建议资金方案。

表26

吸引私人投资景观恢复相关建议概述

建议	核心活动
1.明确值得投资的项目和合作伙伴	
在某个地理区域中,寻找已经在一定规模上实施了的特定价值链(整套业务)的活动,这些活动可以并入优先恢复措施当中并改善生计,但有可能会吸引新的私人投资方	• 确定如何利用政府方针策略及政府投资 • 符合该区域的实际经济情况 • 良好的景观恢复投资基本要求 • 关注有限数量的活动(即保持商业模型简单化) • "紧跟资金流向",从政府公共支出及其他私人投资中寻找机会 • 根据价值链/业务类型、目标资金来源,开放一套初期潜在投资机会
2.为商业化和商业案例提供支持	
为潜在投资机会提供支持,来扫清私人投资进入的主要障碍,其中包括:建立集合实体、执行合作伙伴之间的运营协议、制定投资回报的财务预测、发展运营及财务管理的专长	• 制定能够带来足够规模的汇总方案(对目标投资者而言总体规模足够大) • 开展高质量的财务预测,对成本效益、风险和回报信息有一定敏感性 • 确定关键的实施合作伙伴,并与社区、技术专家和政府机构签订合同性协议 • 确定透明有效的资金流动机制
3.识别和获取私人投资	
为吸引私募股权基金、开发性金融机构、区域/国际银行和机构投资者的投资,有必要聘请能够代表投资机会,瞄准合适的投资者并构架/执行交易的有资质的金融专家	• 对每类投资者分别开展各类投资匹配性评估,并制定潜在目标客户清单 • 准备专业级的投资策略 • 对潜在客户初步筛选 • 与主要实施合作伙伴合作,进行"路演"和有针对性的会议 • 支持尽职调查和创建/谈判交易文件
4.维持投资价值并推广扩大规模	
仅获取投资是不够的。 必须要建立管理监督系统和报告机制,以确保投资成功,识别到新的商机,使成功案例得以实践并与投资者定期沟通	• 确定投资实体和关键执行伙伴(利用现有系统和推广服务、移动和遥感技术)的绩效报告要求 • 确保将要开展的培训项目就位,并调整动机,以帮助小农户更好地采用该措施 • 向投资者提供季度业绩报告,并广泛地分享成功案例 • 监督投资实体的财务和运营情况

表27

部分卢旺达优先级森林景观恢复干预措施的建议融资方案

森林景观恢复干预措施	推荐资金方案
农林业和农民管理的自然更新	由农民提供劳动力以交换幼苗和无机肥料的共同投资计划,补偿作物风险
改善片林管理	推广计划,鼓励更好的树木间距法,结合碳收入融资
自然再生和保护功能性森林	主要惠及社会,视情况而定,可以根据旅游收入、碳销售、碳税或水电税来融资

实施的建议

这同样是一个仍在不断积累经验的领域,所以这里提供的指导相对简短。随着ROAM应用的增加和实施工作的推进,我们将制定并提供进一步指导。

到了评估过程的这个阶段,评估团队应该有足够的分析、见解和观点,以汇总一套连贯的战略建议。这些建议应包括:

• 可受惠于森林景观恢复项目的潜在地区;

• 最适合纳入国家级森林景观恢复项目的5~12项重要干预措施清单,以及各项干预措施的面积占比;

• 一份国家级森林景观恢复潜力图,用以显示特定的潜在森林景观恢复机会和大概的地理位置和范围;

• 对每种干预措施类型的成本和效益进行详尽分析,划定主要受益者,以及建立起如何分配成本的总体思路;

• 估算实施这些干预措施的潜在碳汇价值,不同干预类型在全国范围内的碳汇量、以及每吨二氧化碳吸收应产生的联合效益价值;

- 对国家开展森林景观恢复的准备情况（来自关键成功因素的诊断）进行相对全面地评估，特别是了解现有的政策和制度安排、法律程序以及研究和技术能力是如何帮助或阻碍成功实施景观恢复的。如果时间允许，还应该分析如何去看待这些措施，以及通常地方政府机构（负责实施的主体）对它们的优先排序。

　表28显示了由评估团队初拟并经由卢旺达主要利益相关方检验的关键政策和体制建议。

　如果有需要，评估团队应阐明如何在一个景观区域中整合各个不同分析的结果。图22展示了如何将卢旺达景观恢复评估的不同分析结果汇总，以进一步说明如何在吉什瓦蒂地区开展一个全面的森林景观恢复计划。该地区经历了严重毁林和退化，其森林覆盖面积从20世纪70年代的约2.5万公顷下降到2005年的仅600公顷，因此成为卢旺达政府在全国范围内进行恢复的计划重点（森林覆盖面积已经增加到约1500公顷）。需要明确指出的是，这种类型评估地图的唯一功能是说明措施是否可行。在任何情况下都不应使用它来分配实际的项目干预措施。为此，要把项目措施落实到本地，评估和规划过程必须与当地农民和社区咨询、对话、交流信息以及获得他们的最终同意。

表28
卢旺达评估中涉及的推荐策略

这些建议是卢旺达评估针对扶贫条件中最紧迫的"差距"提出的(见表21)。

主题1：改善政府机构之间的协调

确保各部门合作，各自发挥本部门专才来提供专业指导，并挖掘与私营部门和民间社会的合作方式。应包括地区层面的参与。

- 利用联合部门工作组的方式协调政府机构，帮助他们优先考虑和促进景观恢复活动的实施

- 相关部门在总体规划中共享和交流与森林景观恢复相关的内容，并特别强调确定及时的协同效应

- 向一个(现有)主管部门分配责任和授权，以促进、协调和提供关于农林业的技术指导

主题2：刺激林木供应

通过增加资金和创造正面激励来增加特别是来自私营部门的长期资本投资，并实现增强现有种子和苗圃资产的能力。

- 增强种子库的建设，以满足种子数量(尤其是本地品种)、质量和多样性的日益增长的需求

- 稳定和加强树木苗圃网络，特别是通过创造条件使他们能够在长期时间范围内进行规划和运作，从而鼓励增加投资

- 设置达到至少20%本地物种种植的目标，主要是建设防护林和恢复天然林退化区

主题3：刺激林木需求

通过支持最有可能使农民受益的物种，以增加树木(特别是乡土树种)在农业景观上的应用。

- 通过使农业和林业人员的绩效目标与恢复目标相一致，来改善现有的区域和部门层面的推广服务

- 提高部级和地区工作人员对小规模土地所有者管理林地的了解，以明确可接受的改善生产措施

- 开展公众宣传活动，以强调物种多样性，特别是本地物种的好处

图22
卢旺达（基什瓦蒂森林保护区）其中一个地区的评估图，显示了采取FLR干预措施的潜力

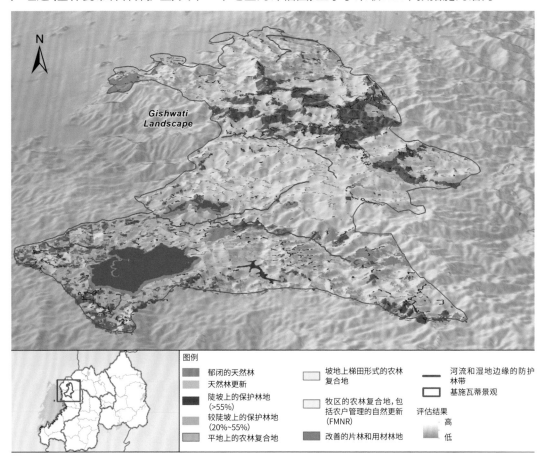

图例

▦	郁闭的天然林
	天然林更新
■	陡坡上的保护林地 (>55%)
	较陡坡上的保护林地 (20%~55%)
	平地上的农林复合地

☐	坡地上梯田形式的农林复合地
☐	牧区的农林复合地，包括农户管理的自然更新 (FMNR)
■	改善的片林和用材林地

河流和湿地边缘的防护林带

☐ 基施瓦蒂景观

评估结果

高
低

该图显示了在高度退化的森林保护区内，为卢旺达制定的优先恢复干预措施潜力。

ROAM进程并不随着战略建议的制定而结束。至关重要的是，评估报告和结果不仅要分发给各个阶段所有参与者和该国的其他主要利益相关方，而且还应总结归纳成供高层决策者使用的简报和介绍。

到这一步为止，验证研讨会已经将恢复潜力评估提进国家议程。团队需要与"景观恢复带头人"（即支持景观恢复并具有影响力的利益相关方）密切合作。这些带头人可以协助推进评估建议的政策、法律和体制改革。这些支持者也可以在将评估结果纳入其他部门的国家级计划和进程中发挥关键作用。

实际上，评估团队（或评估团队所在的机构）在完成森林景观恢复评估之后，还需要和其他合作机构一起积极探索开展景观恢复的机会。如果评估结果已经考虑到现有国家优先发展战略如第31页所述），那么这项活动并不困难，甚至可能将这种类型的分析推进到一个新的水平，并将其作为协商过程的一部分，以支持国家森林景观恢复试点的景观级别设计。

综上所述，评估团队会确定工作切入点和战略伙伴（个人或组织）接手推进评估结果和建议，以此作为此阶段的总结。如果可能，团队成员应该时常了解最新动态，并与关键参与者保持定期联系，以支持下一步的措施——无论是在政策、规划或项目层面。

希望与我们分享您在准备和策划FLR评估的经验吗?欢迎您发邮件至gpflr@iucn.org, 让我们了解您的成功经验。

未来展望

对森林景观恢复潜力进行国家级评估代表着本国在利用森林景观恢复解决国家发展挑战方面迈出了重要的一步。参加这种评估的人员不仅有助于明确森林景观恢复潜力,而且还将为开发长效机制做出贡献,例如,在《生物多样性公约》《联合国气候变化框架公约》和《联合国防治荒漠化公约》等国际公约框架下履行国际承诺,制定新的符合本国国情的履约方式。此举同时也有助于确定或完善国家对"波恩挑战"目标的承诺,即到2020年全球恢复1.5亿公顷被毁林地和退化林地。

长此以往,这些新的机会可以在全国各地恢复退化林地的生产力和功能多样性。

对于那些正在考虑或计划进行国家评估的人来说,了解前人经验是非常有帮助的。因此,请考虑与全球森林景观恢复实践者社区分享您的经验和成果。最简单的方法是加入GPFLR推动的学习网络,该网络将来自世界各地的合作伙伴和合作者联系起来,并推动自由交换新的想法和解决方案。

学习网络(www.forestlandscaperestoration.ning.com)目前拥有500多名成员,不仅提供信息和指导,还为成员辩论具体问题提供了一个讨论平台。由IUCN和其他GPFLR成员组织开发的在线学习模块目前已上线。任何关注或参与森林景观恢复相关工作的人均可成为该网络的成员。

最后,如果您想获得具体的建议或信息,例如,森林景观恢复模板的报告和ROAM评估法应用的示例(如研讨会议程、电子表格等),或介绍和讨论未来森林景观恢复的全球会议消息,请访问www.iucn.org/forest或www.forestlandscaperestoration.org,或发送电子邮件至gpflr@iucn.org。

延伸阅读

Cuhls, K. (2005). Delphi surveys, Teaching material for UNIDO Foresight Seminars. UNIDO, Geneva, Switzerland.

Duarte, C.A., Muñoz, E., Rodríguez Marín, R.M. (2012). Construction of a Geospatial Model for the Identification and Priorization of Potential Areas for Forest Landscape Restoration at National Level in Mexico. IUCN and CONABIO, Mexico.

Durschinger, L., Nelson, N, Abusaid, L. and Sugal, C. (in press). Rwanda – Investing in Landscape Restoration: Opportunities to Engage Private Sector Investors. Terra Global Capital and IUCN.

Enkvist, P.-A., Nauclér, T. and Rosander, J. (2007).A cost curve for greenhouse gas reduction: A global study of the size and cost of measures to reduce greenhouse gas emissions yields important insights for businesses and policy makers. McKinsey Quarterly, February 2007.

Fairhead, J. and Leach, M. (1996). Misreading the African landscape: society and ecology in a forest-savanna mosaic. Cambridge University Press.

FAO (2013). Towards global guidelines for restoring the resilience of forest landscapes in drylands. FAO, Rome, Italy.

FAO (2006). Global planted forests thematic study: results and analysis, by A. Del Lungo, J. Ball and J. Carle. Planted Forests and Trees Working Paper 38. FAO, Rome, Italy.

Government of Guatemala (2013).Potential Areas for Forest Landscape Restoration in Guatemala.

GPFLR (2011). A World of Opportunity. The Global Partnership on Forest Landscape Restoration, World Resources Institute, South Dakota State University and IUCN. Authored by Minnemeyer, S., Laestadius, L., Sizer, N., Saint-Laurent, C. and Potapov, P.

IPCC (2006). 2006 IPCC Guidelines for National Greenhouse Gas Inventories, Prepared by the National Greenhouse Gas Inventories Programme, Eggleston H.S., Buendia L., Miwa K., Ngara T. and Tanabe K. (eds). Published: Institute for Global Environmental Strategies, Japan.

IPCC (2003). Good Practice Guidance for Land Use, Land-Use Change and Forestry. Prepared by the National Greenhouse Gas Inventories Programme, Penman, J.,

Gytarsky, M., Hiraishi, T., Krug, T., Kruger, d., Pipatti, R., Buendia, L., Miwa, K., Ngara,

T., Tanabe, K. and Wagner, F. (eds). Published Institute for Global Environmental Strategies, Japan.

ITTO (2002). ITTO guidelines for the restoration, management and rehabilitation of degraded and secondary tropical forests. International Tropical Timber Organization in collaboration with CIFOR, FAO, IUCN and WWF.

ITTO and IUCN (2005). Restoring Forest Landscapes. An introduction to the art and science of forest landscape restoration. ITTO Technical Series no. 23.

IUCN and WRI (in press). Restoration Opportunity Assessment for Rwanda.

IUCN (2014). Forest landscape restoration: potential and impacts. Arborvitae newsletter No. 45. March 2014.

Jones, H.P., and Schmitz, O.J. (2009). Rapid Recovery of Damaged Ecosystems. PLoS ONE 4(5): e5653. doi:10.1371/journal.pone.0005653.
Peters-Stanley, M., Gonzalez, G., Yin, D. (2013). State of the Forest Carbon Markets 2013. Forest Trends' Ecosystem Marketplace.

Sayer, J. et al. (2013). Ten principles for a landscape approach to reconciling agriculture, conservation, and other competing land uses. Proceedings of the National Academy of Sciences of the United States of America May 21, 2013 vol. 110 no. 21, pp.8349-8356.

Scherr, S.J., Shames, S. and Friedman, R. (2012). From climate-smart agriculture to climate-smart landscapes. Agriculture & Food Security 2012, 1:12

Van Noordwijk M, Hoang MH, Neufeldt H, Öborn I, Yatich T, eds. 2011. How trees and people can co-adapt to climate change: reducing vulnerability through multifunctional agroforestry landscapes. Nairobi: World Agroforestry Centre (ICRAF).

Verdone, M. (in press). An Economic Framework for Analyzing Forest Landscape Restoration Decisions. IUCN Global Economics Programme.

附录 1
碳汇效益的评估——基于IPCC Tier 1方法

通过IPCC Tier 1方法，知道地表和地下生物量中储存的碳退化土地保有量以及该数值在土地恢复前后的变化量。生物量的估计值，特别是森林生物量的估计值通常是以立木蓄积量（立方米）来报告的，然而碳是以质量（吨）来报告的，所以必须将立木蓄积量的估计值进行转换。首先，利用符合目标区域相应气候条件和森林类型的生物量转化与扩展因子（biomass conversion expansion factor，也译作生物量转化因子），将蓄积量（立方米）转换为质量（千克）：

$$地表生物量_i(ABG)=M^3 \times BCEF_S^i \qquad [1]$$

式中：i表示不同的生物蓄积量（立方米）；M^3表示蓄积量（立方米）；$BCEF$表示生物量转化与扩展因子。

表A1为IPCC生物量转化与扩展因子标准表。

表 A1
不同生物条件下的IPCC生物量转化与扩展因子（BCEF）

气候条件	森林类型	生物量转化与扩展因子（$BCEF$）	生物蓄积量（立方米）							
			<10	11~20	21~40	41~60	61~80	81~120	121~200	>200
湿热带	针叶林	$BCEF_S$	4.0 (3.0~6.0)	1.75 (1.4~2.4)	1.25 (1.0~1.5)	1.0 (0.8~1.2)	0.8 (0.7~1.2)	0.76 (0.6~1.0)	0.7 (0.6~0.9)	0.7 (0.6~0.9)
		$BCEF_I$	2.5	0.95	0.65	0.55	0.53	0.58	0.66	0.70
		$BCEF_R$	4.44	1.94	1.39	1.11	0.89	0.84	0.77	0.77
	天然林	$BCEF_S$	9.0 (4.0~12.0)	4.0 (2.5~4.5)	2.8 (1.4~3.4)	2.05 (1.2~2.5)	1.7 (1.2~2.2)	1.5 (1.0~1.8)	1.3 (0.9~1.6)	0.95 (0.7~1.1)
		$BCEF_I$	4.5	1.6	1.1	0.93	0.9	0.87	0.86	0.85
		$BCEF_R$	10.0	4.44	3.11	2.28	1.89	1.67	1.44	1.05

数据来源：IPCC（2006）。$BCFF_S$：生物量转化与扩展因子；$BCFF_I$：生物量转化与扩展因子的净年增量；$BCFF_R$：地上生物量转化与扩展因子。

地下生物量,或者说根部干物质生物量(*RBDM*), 可以通过下列公式将地表生物量转化所得:

$$RBMD=e^{[-1.805+0.9256 \times \ln(AGB_i)]} \qquad\qquad [2]$$

式中:*AGB* 表示地表生物量;*RBMD* 表示地下生物量。

在完成了生物量从体积到质量的转换后,其净含量的49%将被认为是碳的质量。

每公顷土地的碳总量可以通过下列式子计算:

$$C(吨)=(AGB+RBDM) \times 0.49 \qquad\qquad [3]$$

式中:0.49是将干质生物量转化为碳含量的转换因子(IPCC, 2003)。这个数值可以通过乘以3.67(CO₂当量和C的相对原子质量比)转化为CO₂当量的原子质量。

关于世界自然保护联盟（IUCN）

世界自然保护联盟（IUCN），致力于为我们面临的最紧迫的全球性环境与发展问题，寻求务实的解决办法。

其主要工作聚焦于珍视和保护自然，确保对自然资源的使用是有效和公平的，并为气候、粮食和发展等全球挑战部署基于自然的解决方案。世界自然保护联盟支持科学研究，管理位于全球各地的实地项目，并将各国政府、非政府组织、联合国和企业联合起来，制定政策、法律和最佳实践。

世界自然保护联盟是世界上历史最悠久、规模最大的全球环境组织，在160多个国家拥有1200多个政府和非政府机构成员，以及来自160多个国家的超过11,000名专家志愿者。世界自然保护联盟的工作由全球45个办公室的1000多名工作人员以及公共、非政府组织和私营部门的数百个合作伙伴提供支持。

www.iucn.org

关于世界资源研究所（WRI）

世界资源研究所是一个与领导层密切合作的全球研究机构，将好的思想转化为维持健康环境的行动，而环境是经济机会和人类福祉的基础。

我们的挑战

自然资源是经济机会和人类福祉的基础。但是今天，我们正在以不可持续的速度消耗地球的资源，危及经济和人民的生活。人类生存依靠清洁的水、肥沃的土地、健康的森林和稳定的气候。宜居城市和清洁能源对于可持续发展的行为至关重要。我们必须在这10年中应对这些紧迫的全球挑战。

我们的愿景

我们设想通过对自然资源的明智管理，来建设公平繁荣的地球。我们希望推动政府、企业和社区开展行动，消除贫困并保护属于全人类的自然环境。

我们的工作方法

量化：

我们从数据入手，利用最新技术进行独立研究，提出新的观点和建议。我们通过严谨的分析，识别风险，发现机遇，促进明智决策。我们重点研究影响力较强的经济体和新兴经济体，因为它们对可持续发展的未来具有决定意义。

变革：

我们利用研究成果影响政府决策、企业战略和民间社会行动。我们会在社区、企业和政府部门间进行项目测试，建立有力的证据基础。我们与合作伙伴努力促成改变、减少贫困、加强社会建设，并尽力争取卓越而长久的成果。

推广：

我们志向远大。一旦方法可行，我们就与合作伙伴共同采纳，并在某一区域或全球范围进行推广。我们通过与决策者交流，表达想法并提升影响力。我们衡量方法是否成功的标准是政府和企业的行动能否改善人们的生活，并维护健康的环境。

www.wri.org

关于森林景观恢复全球伙伴关系 (GPFLR)

森林景观恢复全球伙伴关系 (GPFLR) 是一个全球性网络，用一项共同事业将来自政府、国际和非政府组织、企业及个人从事森林恢复的实践者、政策制定者和支持者联合起来。

GPFLR从基层自下而上工作，提高人们对森林恢复诸多益处的认识、分享有关恢复成功的最佳实践的知识。GPFLR动员专家支持，提高实施森林景观恢复的能力。由世界自然保护联盟作为其秘书处，GPFLR还为从地方到国际层面的决策者提供了对森林恢复的支持，通过影响法律、政治和体制框架来支持森林景观恢复。

www.forestlandscaperestoration.org

关于波恩挑战 (Bonn Challenge)

波恩挑战是到2020年恢复世界砍伐森林和退化土地1.5亿公顷的全球倡议。它于2011年9月在德国波恩举行的部长级圆桌会议上发起。许多国家和组织已经对波恩挑战认捐或正在准备认捐，至今已有2000万公顷的退化土地被认捐用于恢复，另有3000万公顷被视为进行额外认捐。波恩挑战并不仅仅是新的全球承诺，还是实现现有国际承诺的实际手段，包括实现爱知生物多样性目标之目标十五、《联合国气候变化框架公约》REDD+目标（采取行动减少毁林及森林退化造成的温室气体排放）、"里约+20"峰会目标等。

www.bonnchallenge.org